ZEITSCHRIFT FÜR ANGEWANDTE GEOLOGIE

HERAUSGEGEBEN VOM
ZENTRALEN GEOLOGISCHEN INSTITUT
IM AUFTRAG DES
STAATSSEKRETARIATS FÜR GEOLOGIE

AUS DEM INHALT

AKADEMIE-VERLAG · BERLIN

BAND 16 / HEFT 11/12
NOVEMBER / DEZEMBER
SEITE 437—496

	INHALT	СОДЕРЖАНИЕ	CONTENTS	

Die ZEITSCHRIFT FÜR ANGEWANDTE GEOLOGIE berichtet ständig über folgende Arbeitsgebiete: Geologische Grundlagenforschung und Lagerstättenforschung / Methodik der geologischen Erkundung / Ökonomie und Planung der geologischen Erkundung / Technik der geologischen Erkundung / Geologie und Lagerstättenkunde im Ausland. In der Zeitschrift können alle strittigen Fragen der praktischen Geologie behandelt werden. Die Autoren übernehmen für ihre Aufsätze die übliche Verantwortung.

ZEITSCHRIFT FÜR ANGEWANDTE GEOLOGIE

Träger der Ehrennadel in Gold der Gesellschaft für Deutsch-Sowjetische Freundschaft

KOLLEKTIVE CHEFREDAKTION

Dr. K. KAUTER (Redaktionssekretär)
Prof. Dr. F. STAMMBERGER
Dr. habil. G. TISCHENDORF

BAND 16 · 1970 · HEFT 1 bis 12

INHALTSVERZEICHNIS

Geologie, Paläontologie

Mineralogie, Petrographie

Lagerstättenkunde, Metallogenie, Prognose, Bergbau

Geochemie

Geophysik

Ingenieurgeologie, Hydrogeologie, Bodengeologie

Methodik der Erkundung

Ökonomie der Erkundung

Vorratsberechnung

Mathematik, Datenverarbeitung, Statistik, Information und Dokumentation

Technisches

Sonstiges

Wissenschaftliche Tagungen

Besprechungen und Literaturreferate

Besprechungen und Referate ohne Verfasserangabe

Neuerscheinungen und Literaturhinweise

Nachrichten und Informationen

Kurznachrichten

Herausgeber: Zentrales Geologisches Institut im Auftrag des Staatssekretariats für Geologie beim Ministerrat der Deutschen Demokratischen Republik. Für die kollektive Chefredaktion: Dr. K. Kauter (Redaktionssekretär), Berlin, Redaktion: 1054 Berlin, Zionskirchstraße 34 (Fernsprecher 426001). Verlag: Akademie-Verlag GmbH, 108 Berlin, Leipziger Straße 3–4 (Fernsprecher 220441, Telex 0112020, Postscheckkonto: Berlin 35021). Bestellnummer des Bandes 1047/16. Alleinige Anzeigenannahme DEWAG-WERBUNG, 102 Berlin, Rosenthaler Str. 28–31, und alle DEWAG-Betriebe in den Bezirksstädten der DDR. Exportpreis: M 6,–, Sonderpreis für die DDR: M 2,– je Heft. – Satz und Druck: VEB Druckhaus „Maxim Gorki", 74 Altenburg. Veröffentlicht unter der Lizenznummer 1279 des Presseamtes beim Vorsitzenden des Ministerrates der Deutschen Demokratischen Republik.

ZEITSCHRIFT FÜR ANGEWANDTE GEOLOGIE

KOLLEKTIVE CHEFREDAKTION

Dr. K. KAUTER (Redaktionssekretär)
Prof. Dr. F. STAMMBERGER
Dr. habil. G. TISCHENDORF

Träger der Ehrennadel in Gold der Gesellschaft für Deutsch-Sowjetische Freundschaft

Band 16 · November/Dezember 1970 · H. 11/12

Vollzieht sich in der Geologie eine wissenschaftliche Revolution?

W. E. CHAIN, UdSSR

Die gegenwärtige Epoche mit ihrer ungestümen Entwicklung der exakten Natur- und technischen Wissenschaften bezeichnet man mit Recht als Epoche der wissenschaftlich-technischen Revolution. Nachdem man noch am Anfang des Jahrhunderts mit der Entdeckung der Radioaktivität, der Relativitätstheorie und der Quantentheorie begonnen hatte, hat sich die wissenschaftliche Revolution allmählich auch auf andere Gebiete der Wissenschaft ausgedehnt. Die neuen physikalischen Untersuchungsmethoden führten zur Entdeckung neuer Tatsachen von grundsätzlicher Bedeutung und kehrten in vielen Fällen die Grundlagen einiger Wissenschaften selbst um, und andererseits schafften sie eine strenge wissenschaftliche Basis gegenüber den früher auf empirische Weise ermittelten Gesetzmäßigkeiten (z. B. das Periodische System der Elemente von MENDELEJEW in der Chemie, das Gesetz von FJODOROW in der Kristallographie, Mineralogie). Jedoch ist es ganz natürlich, daß sich die einzelnen Wissenschaften in dieser revolutionären Periode ungleichmäßig entwickelten und entwickeln. Die grundlegenden Veränderungen der alten Vorstellungen erfolgen nicht gleichzeitig, sie äußern sich in verschiedener Weise und sind einer speziellen Analyse wert.

Hier behandeln wir die Geologie, eine Wissenschaft, die wie kürzlich JOHN BERNAL in seinem Buch „Wissenschaft und Gesellschaft" (1953) bestätigte, nicht nach einem echten „Logos" entstand, sondern sich in einem rein beschreibenden Stadium der „Graphie" befindet. Aber in der letzten Zeit flammte eine sehr interessante Polemik in den Spalten der amerikanischen Zeitschrift „Geotimes" auf zwischen dem kanadischen Geologen und Geophysiker JOHN T. WILSON und dem sowjetischen Wissenschaftler W. W. BELOUSSOW, der an die Redaktion dieser Zeitschrift einen offenen Brief — eine Reaktion auf den Artikel von WILSON „Revolution in den Geowissenschaften" — richtete. Die Redaktion „Geotimes" druckte den Artikel von WILSON, veröffentlichte den Brief von BELOUSSOW und die Antwort WILSONS[1]). Obwohl im Mittelpunkt dieser Polemik der Streit zwischen Gegnern und Anhängern der Horizontalverschiebung der Kontinentalschollen der Erdkruste („Kontinentaldrift") steht, d. h. zwischen den sogenannten „Fixisten" und „Mobilisten", handelt es sich tatsächlich um die wichtigsten theoretischen Grundlagen der Geologie. Im Zusammenhang mit einem sogenannten „Frontalzusammenstoß" stark gegensätzlicher Meinungen zwei der angesehensten Vertreter der modernen Geologie ist es interessant zu klären, ob sich tatsächlich in der Geologie eine wissenschaftliche Revolution vollzieht, und wenn ja, worin sie sich äußert, was ihre wichtigsten Erscheinungsformen und nächsten Perspektiven sind.

Die theoretische Geologie am Scheideweg

Die Hauptaufgabe der Geologie ist, theoretisch gesehen, die Klärung der Bildungs- und Entwicklungsgeschichte der oberen festen Erdhüllen, d. h. der Erdkruste und des oberen Mantels (bis in eine Tiefe von ungefähr 400 km). Sie sind nämlich der Schauplatz der wichtigsten geologischen Vorgänge des Magmatismus (Vulkanismus und intrusiven Tiefenmagmatismus), tektonischer Bewegungen und Deformationen, der Geomorphogenese (Bildung des Oberflächenreliefs der Erde), der Verwitterung, der Sedimentation und der Bildung mineralischer Rohstoffe (Minerogenese). Offensichtlich hat dieses Problem eine große allgemeinwissenschaftliche und weltanschauliche Bedeutung; denn es geht darum, wie und wann die Erdkruste mit ihrer spezifischen chemischen und mineralogischen Zusammensetzung entstand, um die Auswahl der verschiedenen mineralischen Rohstoffe, wie sich die Kontinente und Ozeane bildeten, ferner die mächtigen Gebirgsgebiete und großen Ebenen, womit ihre gegenwärtige hinreichend komplizierte und willkürliche Verteilung auf der Erde im Zusammenhang steht, was der Grund für die zerstörenden Erdbeben und die vulkanische Tätigkeit ist. Gegenwärtig, im Zusammenhang mit den Erfolgen der kosmischen Forschung und der Entdeckung vieler Geheimnisse des Mondes, der Venus und teilweise des Mars, wird der einzigartige und spezifische Charakter (zumindest innerhalb des Sonnensystems) des Baues und der Zusammensetzung der Erdhüllen immer offensichtlicher, die sich als ein so günstiges Substrat für die Entstehung und Entwicklung des Lebens, für das Auftreten des Menschen und die Entwicklung der menschlichen Gesellschaft erwiesen. Die geologische Form der Bewegung der Materie, wie die Philosophen sagen, ist die natürliche Stufe zwischen der kosmischen und planetarischen Form ihrer Bewegung einerseits und der biologischen und sozialen andererseits. Wenn man dieses Glied nicht erkannt hat, dann ist es unmöglich, in völligem Umfang die Evolution der materiellen Welt und ihre Entwicklungsgesetze insgesamt zu begreifen.

Bis zur zweiten Hälfte des 20. Jahrhunderts blieben alle Versuche, die Hauptaufgabe der Geologie zu lösen, nahezu spekulativ, weil die Faktengrundlage äußerst unzureichend war. Das führte dazu, daß lange Zeit Auffassungen herrschten, die eine äußere Vollkommenheit und Harmonie aufwiesen, aber in Wirklichkeit nur eine scheinbare Erklärung, ja sogar nur die eines Teils der realen Naturprozesse darstellten.

So verhielt es sich mit der Geologie bis zum Anfang unseres Jahrhunderts, als sie fast gleich nach der Physik, Chemie und Kosmologie in eine Krisis geriet.[2])

Aus: „Priroda", Nr. 1 (1970), S. 7–19.

Übers.: K. NIEMANN, Berlin.

[1]) J. T. WILSON: A revolution in earth science. – „Geotimes", v. 13, Nr. 10, 1968 (siehe J. T. WILSON).
Static or mobile earth: the current scientific revolution. In „Gondwanaland revisited", 1969; W. W. BELOUSSOW: „Sowremennaja geologija", Nr. 1, 1969.

[2]) Zur Krisis läßt sich sagen, daß sie jedoch nur für die theoretische Geologie, noch genauer gesagt, für die „höchste" geologische Theorie zutrifft; denn auf den Gebieten der konkreten und besonders der praktischen Geologie wurden in dieser Zeit hervorragende Erfolge erzielt; die Erkundungsgeologen sicherten den gesamten Bedarf der sich schnell entwickelnden Industrie an alten (Kohle, Eisen, Erdöl u. a.) und neuen Arten mineralischer Rohstoffe (Uran, seltene Metalle, Gas u. a.).

Die bis dahin lange herrschende Kontraktionshypothese[3]) war diskreditiert. Man begann mit dem Suchen nach neuen Wegen zur Klärung sowohl der Entstehung als auch der Entwicklung der Erdkruste. Dabei traten von Anfang an zwei Haupttendenzen auf. Die einen Wissenschaftler konzentrierten ihre Aufmerksamkeit auf die Vertikalbewegungen der Erdkruste und auf die Zusammenhänge zwischen Tektonik und Magmatismus, die von den Anhängern der Kontraktionshypothese unterschätzt worden waren. Beim Suchen nach den Ursachen dieser Bewegungen wandten sie sich letzten Endes den Vorgängen im Erdmantel zu. Die unterschiedlichen Varianten der auf dieser Grundlage erarbeiteten Hypothese der Tektogenese wurden in den 30er bis 40er Jahren von dem deutschen Wissenschaftler E. HAARMANN, dem Holländer R. W. VAN BEMMELEN, den sowjetischen Geologen M. M. TETJAJEW und W. W. BELOUSSOW aufgestellt. Diese wissenschaftliche Richtung führte zur Entwicklung von Untersuchungsmethoden der vertikalen Komponente der tektonischen Deformationen (Analyse der Fazies, Analyse der Sedimentationslücken, der Mächtigkeiten und der Volumina), zur Untersuchung des Einflusses auf die Deformationen des Magmatismus und der Metamorphose und zur Untersuchung des oberen Erdmantels.[4])

Fast gleichzeitig wandten sich andere Wissenschaftler einer prinzipiell anderen Möglichkeit der Deutung der Natur der geologischen (endogenen) Tiefenprozesse (Tektonik, Magmatismus, Metamorphose) zu, der Möglichkeit, die auf der Hypothese der Verlagerung der Kontinente (Drift) beruht, die etwa im ersten Jahrzehnt unseres Jahrhunderts von A. WEGENER und R. TAYLOR angeführt wurde. Bei dieser Hypothese (wie übrigens auch bei der Kontraktionshypothese) wurde die führende Rolle den Horizontalbewegungen der Blöcke der Kruste zuerkannt, aber ihre Quelle wurde bereits nicht in der Faltung der Erde gesehen, sondern in Kräften, die mit ihrer Rotation zusammenhängen (Polzentrifugalkraft, relative Verlagerung der Erdkruste nach Westen bei ihrer axialen Drehung). Die Drifthypothese (Mobilismus) wurde schnell populär und erlangte in den 20er bis 30er Jahren eine weite Anerkennung. Danach im Verlauf der 40er bis 50er Jahre geriet sie in Verfall und schien zur Vergessenheit verurteilt zu sein. Währenddessen errangen die von ihr entgegengesetzten fixistischen („vertikalistischen") Auffassungen für kurze Zeit eine Monopolstellung in der Geologie, besonders in der Sowjetunion. Aber der Triumph des Fixismus über den Mobilismus währte nicht lange, und augenblicklich vollziehen sich die Wiedergeburt und eine immer stärkere Verbreitung der mobilistischen Idee. In der UdSSR spielten in dieser Beziehung die Arbeiten von P. N. KROPOTKIN und P. S. WORONOW eine große Rolle.

Was geschah nun in der Geologie in den letzten zwei Jahrzehnten, was bestimmte einen so schnellen „Wechsel der Devise", daß sogar einige jener namhaften Wissenschaftler (P. N. KROPOTKIN, R. W. VAN BEMMELEN, J. T. WILSON u. a.) ihre Position ins Gegenteil verkehrten? Es handelt sich darum, daß in der Geologie zu dieser Zeit, praktisch in den Nachkriegsjahren und vor allem in den letzten 10 bis 15 Jahren, viele neuen Fakten gesammelt wurden. Das zog die Notwendigkeit eines prinzipiell neuen Herangehens an die Klärung vieler wichtiger geologischer Erscheinungen nach sich. Wir gehen kaum fehl, wenn wir sagen, daß die Geologie in eine neue Phase, in eine neue Etappe ihrer Entwicklung eingetreten ist. Worin bestehen nun die Grundzüge dieser Etappe?

Neue Grenzen einer alten Wissenschaft

Die Geologie ist eine Wissenschaft, in der sich früher und auch jetzt (infolge der Spezifik der von ihr zu untersuchenden Objekte) Entdeckungen nicht so augenblicklich und effektvoll vollziehen, wie etwa in der Physik, und in bedeutendem Maße nicht durch die „Erleuchtung" genialer Einzelgänger (sie werden in der Physik unserer Tage ebenfalls eine Seltenheit), sondern durch die Anstrengungen vieler Wissenschaftler verschiedener Länder. Nichtsdestoweniger vollzogen sich in der Geologie in den letzten 10 bis 15 Jahren Umwälzungen, die unserer Ansicht nach durchaus als echte Entdeckungen bezeichnet werden können. Wenn wir die letzten Jahrgänge der führenden wissenschaftlichen Zeitschriften durchsehen („Berichte der Akademie der Wissenschaften der UdSSR", die englische „Nature" und die amerikanische Zeitschrift „Science"), welche die wichtigsten neuen Angaben publizieren, dann sehen wir, daß sich der größte Teil der Publikationen auf dem Gebiet der Geowissenschaften (übrigens erlangt dieser Begriff das Recht, sich in der Weltwissenschaft einzubürgern) gegenwärtig gerade auf die neuen Wissenszweige bezieht, wie Radiogeochronometrie, Bau der Kruste und des oberen Mantels, Geologie der Ozeane, Riftsysteme, Verschiebungen u. a. m.

Wir wollen diese Entdeckungen ein wenig eingehender betrachten und uns bemühen, sie einzuschätzen und die Perspektiven aufzuzeigen, die schon jetzt bei der Erarbeitung einer allgemeinen Konzeption der Evolution der Erde festgestellt wurden.

1. Die geophysikalischen Angaben (vor allem der seismischen Tiefensondierung) bestätigten den von WEGENER vorhergesagten grundlegenden Unterschied zwischen dem Tiefenbau der Kontinente und der Ozeane. Dieser Gegensatz setzt sich in erheblichem Maße auch in den oberen Mantel hinein fort und tritt nicht nur in unterschiedlicher Mächtigkeit auf, sondern auch in der Dichte und wahrscheinlich in der Zusammensetzung des oberen Teils des Mantels. Gleichzeitig findet diese Gegensätzlichkeit ihren deutlichen Ausdruck im Charakter des anomalen Magnetfeldes, der Existenz eines „gebänderten" Magnetfeldes, das parallel zu den Ozeanischen Schwellen orientiert ist. Die erhaltenen Bestätigungen der prinzipiellen Unterschiede im Bau der geologischen Hülle der Erde unter den Ozeanen und Kontinenten[5]) hat das Problem der Entstehung der Ozeane außerordentlich zugespitzt; denn noch vor kurzem wurde von vielen angenommen, daß Ozeane einfach durch Absinken des Festlands entstehen und Ozeanische Schwellen eine abgesunkene Fortsetzung der Faltengebirgsmassive sind.

2. Im Ergebnis einer intensiven geophysikalischen und geologischen Untersuchung der Ozeane wurde 1957 das Weltsystem der Mittelozeanischen Schwellen entdeckt, die nach ihrer Gesamterstreckung (über 60000 km), nach der Breite und Höhe nicht hinter den Faltengebirgsmassiven der Kontinente und Inselbögen[6]) zurückbleiben, sondern ihrem Bau nach einen prinzipiell neuen Typ der mobilen Gürtel der Erde[7]) darstellen. Mit dem Nachweis dieser Gürtel wurde offensichtlich, daß die vulkanische und seismische Aktivität sowie der hohe thermische Strom den mobilen Gürteln vieler Typen folgen (den kontinentalen Faltengürteln, den kontinentalen Schollengürteln und den ozeanischen Gürteln). Die gesetzmäßige Anordnung der mittelozeanischen mobilen Gürtel (hauptsächlich in mittlerer Lage in bezug auf die Ozeane und konzentrisch zu den Kontinenten[8])) zeigte, daß es ein globales Gesetz der Verteilung der Kontinente und Ozeane, der Tafeln und der mobilen Gürtel gibt (Abb. 1).

3. Es wurde die Existenz einer Schicht verminderter Fortpflanzungsgeschwindigkeiten der seismischen Wellen im oberen Mantel — des Wellenleiters oder der Astenosphäre[9]) — bewiesen. (Sie wurde von JOHN BARREL auf der Grundlage geologischer und von B. GUTENBERG[10]) auf der Grundlage geophysikalischer Überlegungen vorausgesagt.) Die Astenosphäre stellt eine Schicht stark verminderter Viskosität dar und steht in diesem Sinne im Widerspruch zur verhältnismäßig starren und spröden Lithosphäre, die einen Schicht-Schollenbau besitzt und die Kruste und den oberen Teil des Mantels selbst umfaßt. In der Astenosphäre ent-

[3]) Die Hypothese der Faltung der Kruste in den gefalteten Gebirgsketten bei der Verringerung des Umfangs und in Verbindung mit der allgemeinen Abkühlung der Erde.

[4]) Das Projekt des oberen Mantels wurde von W. W. BELOUSSOW aufgestellt und wird im internationalen Maßstab verwirklicht.

[5]) Man muß einwenden, daß gegenwärtig innerhalb der Kontinente Bereiche mit dem ozeanischem Charakter nahestehenden Bau der Kruste und in den Ozeanen Bereiche mit kontinentalem Bau der Kruste nachgewiesen wurden. Dieser an sich sehr wichtige Umstand kann nichtsdestoweniger die grundlegenden geophysikalischen Kontraste zwischen den Ozeanen und den Kontinenten vertuschen.

[6]) B. C. HEEZEN & M. EWING: „The Geology of Arctic", Toronto 1961.

[7]) G. B. UDINZEW: Berichte der Akademie der Wissenschaften der UdSSR, Bd. 185, Nr. 4, 1969.

[8]) H. W. MENARD in: Physics and chemistry of the earth (1965).

[9]) W. A. MAGNIZKIJ: Wellenleiter im oberen Mantel, Nauka (1968).

[10]) Diese Schicht nennt man auch häufig Wellenleiter nach GUTENBERG.

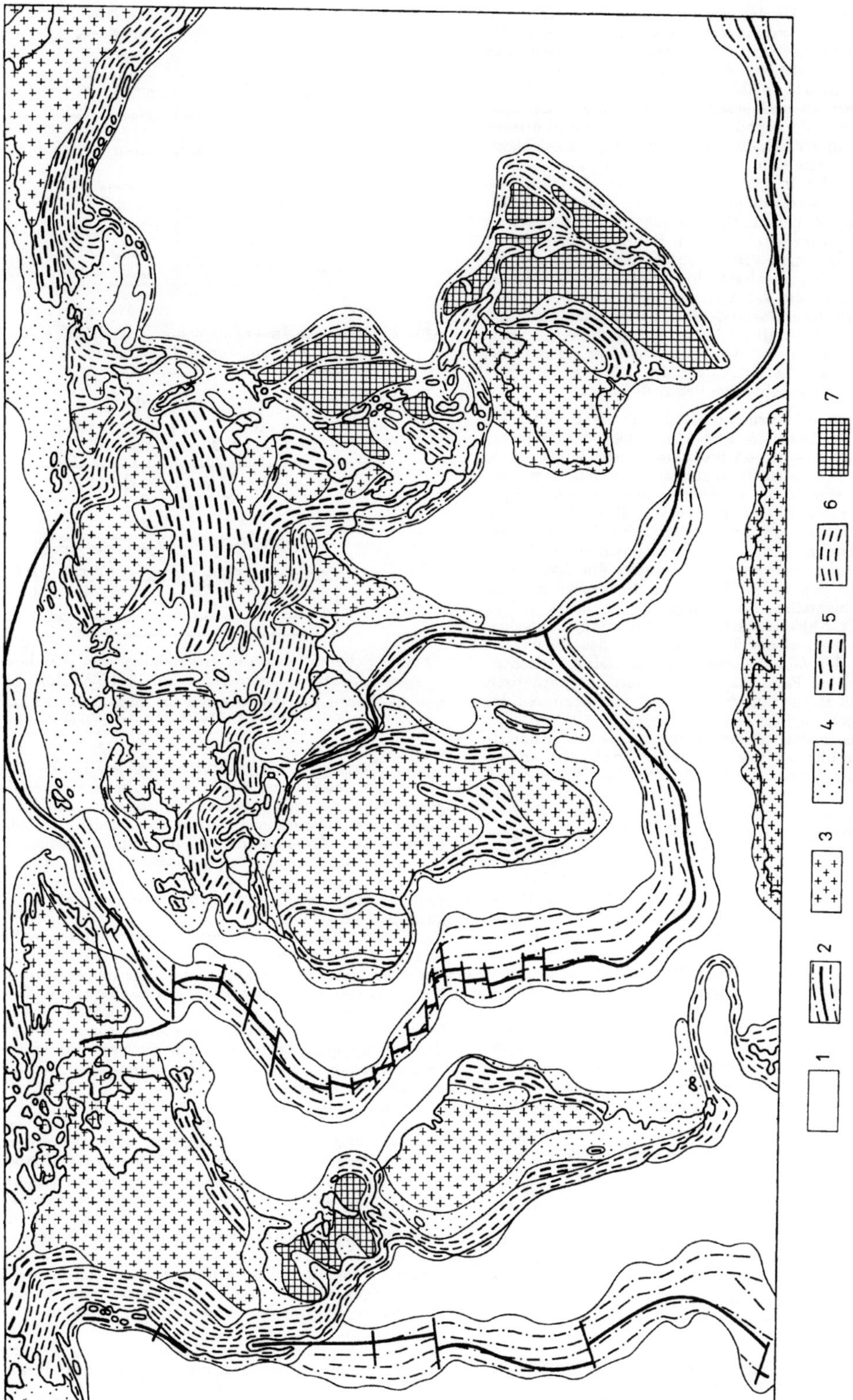

Abb. 1. Tafeln und mobile Gürtel der Erde

1 – ozeanische Tafeln; 2 – mittelozeanische mobile Gürtel; 3 – alte Kontinentaltafeln; 4 – spätproterozoische und paläozoische Faltengürtel, überdeckt von einem sedimentären Deckgebirge; 5 – spätproterozoische und paläozoische Faltengürtel, die eine neue Hebung erfahren; 6 – junge gefaltete geosynklinale Gürtel; 7 – Grenzen der Senken subozeanischen Typs

stehen magmatische Herde; das ist das wahrscheinlichste Gebiet des Auftretens subkrustaler Konvektionsströme, der Entstehung vertikaler und horizontaler Bewegungen der Lithosphäre. Die Schollen der Lithosphäre streben ein hydrostatisches Gleichgewicht in bezug auf die Oberfläche der Astenosphäre an und gehorchen dem Gesetz der Isotasie[11]). Längs der Astenosphäre kann am ehesten die horizontale Verschiebung der Schollen der Lithosphäre hinsichtlich der tiefen Erdhüllen erfolgen. Die Substanz der Astenosphäre befindet sich in bedeutendem Maße in einem glasigen, dem geschmolzenen ähnlichen Zustand; es ist anzunehmen, daß sie periodisch gänzlich oder teilweise, in jedem Falle auf einem beträchtlichen Raum schmilzt. Somit besitzt die Astenosphäre viele wichtige Eigenschaften, die früher vor allem der Basaltschicht der Kruste (dem Sima) in den Hypothesen der Isotasie von WEGENER oder JOLY zugeschrieben wurden. Darüber hinaus wird jetzt klar, daß die dynamische Wechselbeziehung der hinreichend zähflüssigen Astenosphäre und der vergleichsweise starren und spröden Lithosphäre die Grundlage der tektonischen Entwicklung der obersten Schichten der Erde bildet.

4. Da heute die entscheidende Rolle bei der Bildung der Erdkruste, der Hydrosphäre und Atmosphäre dem Magmatismus[12]) zuerkannt wird und die tektonischen Bewegungen, zumindest die vertikalen Bewegungen, eng mit ihm verbunden sind, gewinnen die Ergebnisse der Untersuchungen auf dem Gebiet der experimentellen Petrologie eine besondere Bedeutung. In den letzten zehn Jahren wurde erstmalig die Durchführung von Experimenten bei hohen Temperaturen und Drücken vorgenommen, die denen entsprechen, die in den tiefen Teilen der Erdkruste und im oberen Mantel herrschen. Das ermöglichte zu klären, daß im oberen Mantel in Abhängigkeit von den thermodynamischen Bedingungen verschiedener Tiefen ein und desselben Ausgangsmaterials der Zusammensetzung nach eine Zwischenstellung zwischen Peridotit und Basalt (hypothetisch „Pyrolith" nach RINGWOOD & GREEN[13])) das Schmelzen der Magmen unterschiedlicher Zusammensetzung von basischen Olivin- und normalen Tholeiitbasalten bis zu Andesitbasalten und Andesiten vor sich gehen kann. Die andere Versuchsserie bestätigte die Möglichkeit der Bildung von Graniten beim Schmelzen von Sedimentgesteinen alumosilikatischer Zusammensetzung in Gegenwart von Wasser, wodurch wesentlich die Hypothese der krustalen palingenanatektischen Entstehung der Granitoide[14]) bekräftigt wurde.

5. Es wurden radiometrische Methoden zur Altersbestimmung (genaue Bestimmung der Zeit der primären Bildung oder Umwandlung) der Gesteine (noch eine geologische Folge der Entdeckung der Radioaktivität!) erarbeitet. Die Anwendung dieser Methoden in großem Umfang schuf erstmalig die objektive Möglichkeit für die Deutung der Geschichte der Erdkruste und zeigte, daß die Dauer ihrer Existenz bei über 3,5 Mrd. Jahren liegt und daß der Hauptteil dieser Zeit auf das Präkambrium entfällt. Die Untersuchung der tektonischen Geschichte des Präkambriums auf radiometrischer Grundlage wies eine Reihe von Epochen gewaltiger Umgestaltungen des Strukturplans der Erdkruste (der Lithosphäre) und „große Umbrüche" auf.

6. Es wurden auch Erscheinungen des Paläomagnetismus entdeckt. Es erwies sich, daß die ferromagnetischen Minerale, die bei der Erkaltung aus der Lava ausgeschieden wurden oder sich aus dem Wasser bei der Anhäufung der Sedimente auf den Boden von Meeren und Intrakontinentalbecken abgesetzt haben, eine bestimmte Orientierung annehmen. Sie entspricht der Richtung der Kraftlinien des alten Magnetfeldes der Erde und bleibt im Laufe von Hunderten Millonen und sogar Milliarden Jahren erhalten, falls die Gesteine nicht einer besonders starken Erwärmung und tektonischen Deformationen ausgesetzt werden.

[11]) Die Isotasie (wörtlich „gleicher Zustand") ist als Erfüllung der Bedingung des genannten Gleichgewichts zu verstehen.

[12]) A. P. WINOGRADOW: Chemische Evolution der Erde, M., Isdat. AN SSSR (1959).

[13]) D. Ch. GREEN, A. E. RINGWOOD u. a.: Petrologie des oberen Mantels, Mir (1968).

[14]) Diese Hypothese verneint die Tiefenentstehung (aus dem Mantel) der Granite und betrachtet ihre Bildung als Folge des Schmelzens der sedimentären oder metamorphen Schichten des oberen Teils der Kruste.

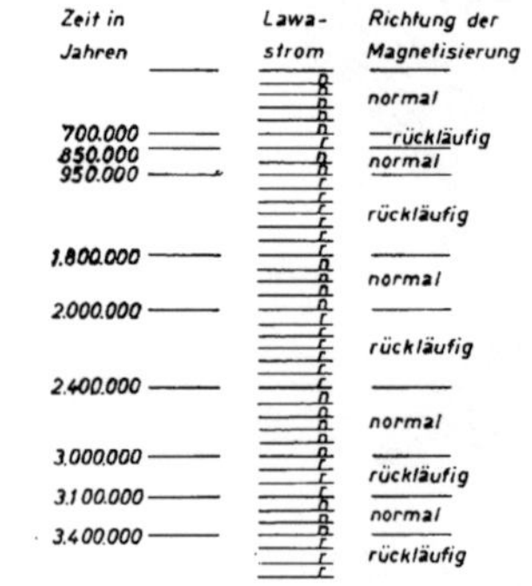

Abb. 2. Skala der Inversionen des Magnetfeldes für Känozoikum (von J. T. WILSON)

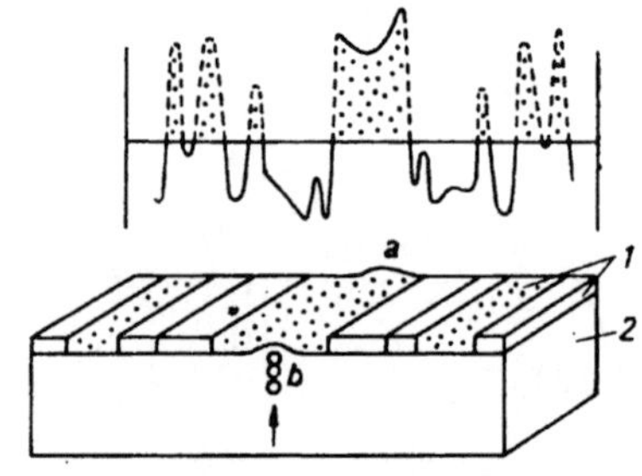

Abb. 3. Schema, das die Entstehung von streifenartigen Anomalien des Magnetfeldes (von J. T. WILSON) erklärt

1 – Lavaströme und Dykes, normal und entgegengesetzt magnetisiert; 2 – Mantel; a – Graben; b – Lavaströme

Die Existenz eines ähnlichen „magnetischen Gedächtnisses" bei den Gesteinen gibt die Möglichkeit, nach den Angaben der Messungen orientierter Gesteinsproben die Lage der magnetischen Pole der Erde für verschiedene Epochen der geologischen Vergangenheit zu bestimmen. Ausgehend von der modernen Theorie von ELSASSER-FRENKEL (sie fand ihre Bestätigung im Fehlen eines Magnetfeldes beim Mond und bei der Venus), muß man annehmen, daß in den vergangenen geologischen Epochen das magnetische Feld der Erde zweipolig, aber die Lage der geographischen Pole der Lage der magnetischen Pole sehr nahe war. Aber die Lage der Pole blieb nicht stabil und erfuhr im Verlauf der geologischen Geschichte bedeutende Veränderungen. Das steht in Übereinstimmung mit den Veränderungen in Lage und Orientierung der Klimazonen, die schon früher nach Angaben der Paläobiogeographie und nach der Verbreitung der Indikatorminerale und -gesteine der klimatischen Verhältnisse nachgewiesen worden waren.

Als noch interessanter erwies sich ein anderer Umstand. Die Lage der Pole ein und derselben Epoche, die nach den Angaben für verschiedene Punkte eines Kontinents bestimmt wurden, zeigen gewöhnlich eine gute Übereinstimmung. Jedoch gehen ihre Bestimmungen nach den Angaben für verschiedene Kontinente systematisch auseinander, wobei diese Differenz von den älteren Epochen zu den jüngeren wächst. Diese Nichtübereinstimmung findet eine befriedigende Erklärung: Es muß vom letzten horizontalen Auseinandergehen der früheren einheitlichen Kontinentalmassen ausgegangen werden. Die Verteilung der Pole, die nach verschiedenen Kontinenten bestimmt ist, führt zu ihrer Vereinheitlichung in ein einheitliches Massiv. Mit anderen Worten, wir erhalten eine Rekonstruktion, die den Rekonstruktionen WEGENERS und seines Nachfolgers A. L. DU TOIT ähnlich ist. So erfuhr die Hypothese des Mobilismus, die schon fast gänzlich vergessen war, eine unerwartete und außerdem außerordentlich effektvolle Bestätigung.[15])

[15]) Man muß übrigens sagen, daß die Bedeutung der Ergebnisse der paläomagnetischen Untersuchungen von einigen Wissenschaftlern (I. A. RESANOW 1968) bestritten wird. Sie stellten fest, daß in einer Reihe von Fällen

Der Beitrag des Paläogeomagnetismus beschränkt sich bei der Lösung von Kardinalfragen in der Geologie nicht nur auf den Erhalt der Möglichkeit, die Lage einzelner Regionen in den vergangenen geologischen Epochen zu den Polen und zum Äquator zu bestimmen. Es wurde ebenfalls die außerordentlich wichtige Erscheinung der Inversion des geomagnetischen Pols — der schnellen Veränderung der Lage des Nord- und Südpols in die entgegengesetzte — festgestellt. Derartige Inversionen erfolgten besonders häufig im Känozoikum, wobei sie mit Epochen erhöhter tektonisch-magmatischer Aktivität zusammenfielen.[16]) Ein ähnliches Zusammenfallen wurde auch für das späte Paläozoikum festgestellt. Es erwies sich, daß sich der Wechsel von Epochen mit direkter und umgekehrter Magnetisierung auch im Profil der Sedimente eingeprägt hat, die auf dem Ozeanboden[17]) akkumuliert wurden. Außerordentlich interessant war die Entdeckung einer bestimmten Dauer der Korrelation der Epochen direkter und umgekehrter Magnetisierung für das Känozoikum (Abb. 2), der Breite der streifenartigen Anomalien des Magnetfeldes in den Ozeanen (Abb. 3) sowie der Mächtigkeit der Sedimente, die sich in den entsprechenden Epochen auf dem Boden der Ozeane angesammelt haben. Im Artikel von J. T. WILSON, den wir schon anfangs erwähnt haben, wird dieser Übereinstimmung eine ganz außerordentliche Bedeutung beigemessen: Der Autor betrachtet sie als das entscheidende Argument zugunsten des Mobilismus.

In der Tat: Wenn wir diese Gesetzmäßigkeiten berücksichtigen, kann man annehmen, daß die Streifen der Magnetanomalien auf dem Ozeanboden, die parallel zu den Ufern und den mittelozeanischen Schwellen verlaufen, den Auseinanderbewegungen der Erdkruste entsprechen, die mit aus dem Mantel aufsteigendem Material ausgefüllt sind, wobei ihre Bildung konsequent von den Kontinenten zur Achse

eine große Streuung der Pollagen erhalten wurde, die für die Ablagerungen ein und desselben Alters, ein und desselben Kontinents oder für die Ablagerungen ein und desselben Profils ähnlichen Alters sowie für das Nichtübereinstimmen der paläomagnetischen Breiten mit der Lage des angegebenen Bezirks hinsichtlich der Pole nach biologischen oder lithologischen Indikatoren bestimmt sind. Im Zusammenhang damit werden Zweifel hinsichtlich des Dipolcharakters des geomagnetischen Feldes der alten geologischen Epochen und der Vorstellungen über die Möglichkeit der Existenz einer Quelle systematischer Fehler in den paläomagnetischen Bestimmungen geäußert. Diese Zweifel werden jedoch von den meisten Spezialisten nicht geteilt. Die genannten Abweichungen sind am häufigsten innerhalb der mobilen Gürtel zu beobachten, wo erstens auf die Beständigkeit des magnetischen Restfelds ernsthaft tektonisch-thermale Prozesse einwirken können und wo zweitens wirklich bedeutende Horizontalverschiebungen auftraten. In einzelnen Fällen, besonders im Präkambrium, kann die Streuung das Ergebnis dessen sein, daß man ungleichaltrige Gesteine für gleichaltrig hielt. Wie dem auch sei, so wurde bei der Anfertigung des „Atlasses der lithologisch-paläogeographischen Karten der UdSSR" insgesamt eine völlig zufriedenstellende Übereinstimmung der Pläne der klimatischen Zonalität der vergangenen geologischen Epochen (an Hand von Bio- und Lithoindikatoren) mit der geographischen Lage der entsprechenden Zonen (nach Angaben des Paläomagnetismus) festgestellt. Einzelne Unstimmigkeiten beziehen sich in der Regel auf die mobilen Zonen.

[16]) L. GLANGEAUD: „C. R. Soc. geol. France", 1963, Nr. 1.
[17]) N. D. OPDYKE u. a.: „Science", v. 154, 1966.

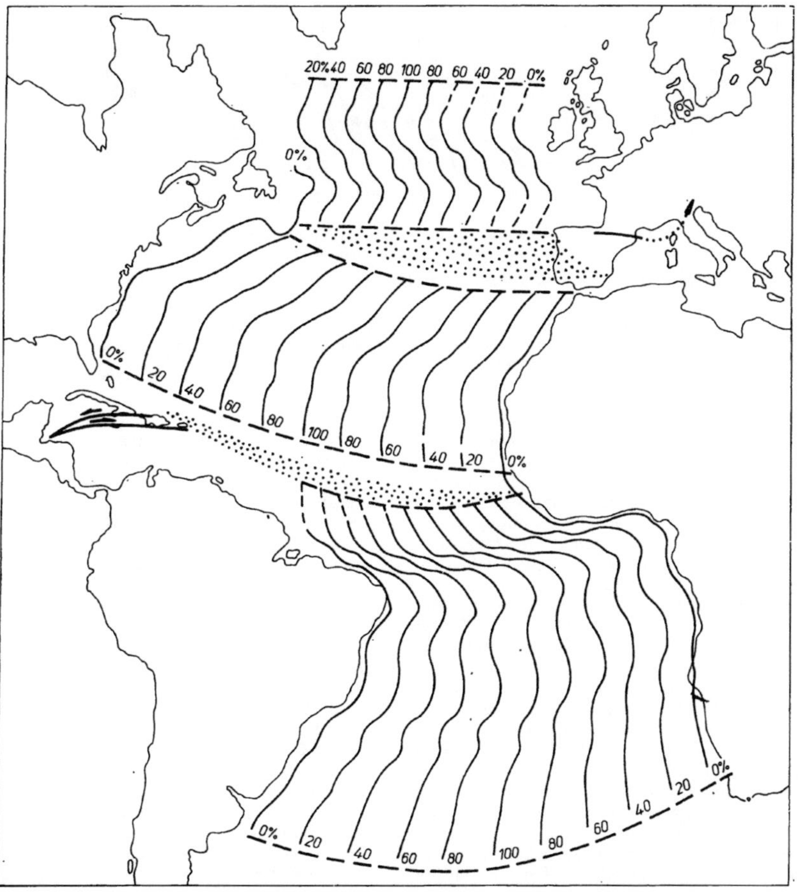

Abb. 4. Schema der Öffnung des Atlantischen Ozeans, das auf geometrischen Rekonstruktionen mit der Anwendung der paläontologischen Methode (nach B. M. FUNNEL & A. G. SMITH) beruht. Aufeinanderfolgende Lagen dreier unter einem bestimmten Winkel gedrehter Segmente

Stadien der 10- und 20prozentigen Öffnung. Die nördliche und südliche Querzone ist durch punktierte Linien abgegrenzt. Die wichtigsten Brüche entsprechen der Lage des Mediterranen und des orogenen Karibischen Gürtels.

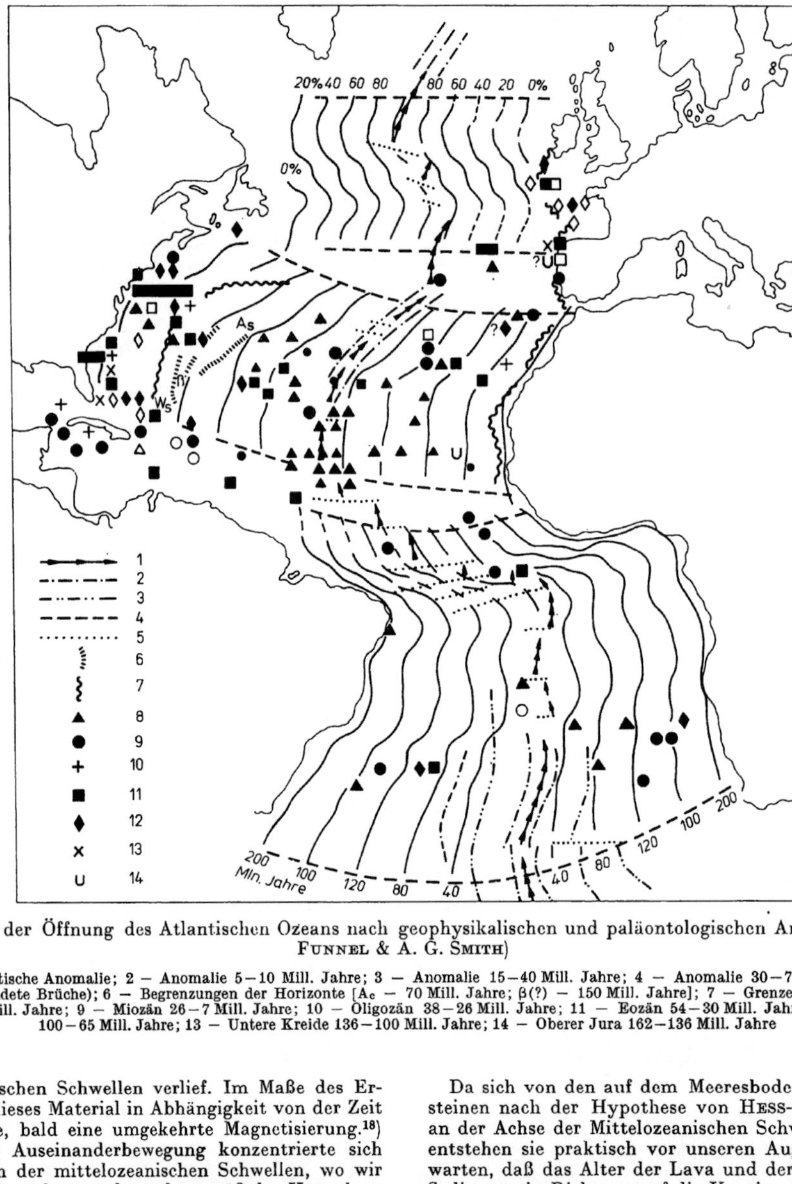

Abb. 5. Stadium der Öffnung des Atlantischen Ozeans nach geophysikalischen und paläontologischen Angaben (nach B. M. Funnel & A. G. Smith)

1 – mittlere magnetische Anomalie; 2 – Anomalie 5–10 Mill. Jahre; 3 – Anomalie 15–40 Mill. Jahre; 4 – Anomalie 30–70 Mill. Jahre; 5 – Abzweigungen (umgebildete Brüche); 6 – Begrenzungen der Horizonte [A_c – 70 Mill. Jahre; β(?) – 150 Mill. Jahre]; 7 – Grenzen ruhiger Magnetzonen; 8 – Pliozän 7–2 Mill. Jahre; 9 – Miozän 26–7 Mill. Jahre; 10 – Oligozän 38–26 Mill. Jahre; 11 – Eozän 54–30 Mill. Jahre; 12 – Obere Kreide 100–65 Mill. Jahre; 13 – Untere Kreide 136–100 Mill. Jahre; 14 – Oberer Jura 162–136 Mill. Jahre

der mittelozeanischen Schwellen verlief. Im Maße des Erkaltens erlangt dieses Material in Abhängigkeit von der Zeit bald eine direkte, bald eine umgekehrte Magnetisierung.[18]) Der Prozeß der Auseinanderbewegung konzentrierte sich längs der Achsen der mittelozeanischen Schwellen, wo wir jetzt die Riftzonen sehen, und wurde gemäß der Hypothese des englischen Geologen A. Holmes, die im wesentlichen von den Amerikanern G. Hess (1962) und R. Dietz (1961) entwickelt wurde, durch subkrustale Konvektionsströme stimuliert. Diese Ströme drücken sich im Aufstieg von Mantelsubstanz an der Stelle der Achsen der Schwellen und ihrem nachfolgenden seitlichen Auseinanderfließen aus. Diese Mantelsubstanz bringt, ähnlich wie die Bänder eines Fließbandes (Vergleich von Dietz), eine neugebildete Ozeankruste mit magnetischen Markierungen mit sich, die durch das periodisch inversierende geomagnetische Feld auf sie aufgeprägt werden. Das ist, kurz gesagt, das Wesen der Hypothese des sich „erweiternden Ozeanbodens", die die Unterstützung bekannter Bearbeiter der Geologie des Atlantischen und Stillen Ozeans, B. Hisen und G. Menard, des Seismologen L. Sykes und anderer Wissenschaftler erhielt und heute außerordentliche Popularität bei einem breiten Publikum[19]) errungen hat.

Da sich von den auf dem Meeresboden auftretenden Gesteinen nach der Hypothese von Hess-Dietz die jüngsten an der Achse der Mittelozeanischen Schwelle befinden (hier entstehen sie praktisch vor unseren Augen), muß man erwarten, daß das Alter der Lava und der sie überdeckenden Sedimente in Richtung auf die Kontinente zunimmt. In der gleichen Richtung geht auch die Erhöhung der Mächtigkeit der Sedimente und ihrer stratigraphischen Reichweite vor sich. Diese Annahme wurde bereits durch die Probenahme vom Boden des Atlantischen Ozeans bestätigt. Eine neue und noch wichtigere Bestätigung wurde von den Amerikanern im Ergebnis der von 1968 bis 1969 vom Forschungsschiff „Glomar Challenger" aus niedergebrachten Bohrungen einer Schicht von Sedimenten am Boden des Atlantischen Ozeans erhalten (Abb. 4).[20]) Tatsächlich wurden im Verlauf dieser Bohrung die ältesten Sedimentgesteine, die zum obersten Jura gehören (Alter ungefähr 140 Mill. Jahre), auf der Bermuda-Aufragung entdeckt, d. h. relativ nahe an der nordamerikanischen Küste. Ablagerungen eines analogen oder nahezu gleichen Alters treten auf den Kanarischen Inseln und dem Kap Verde an der Küste Afrikas auf. In beiden Fällen kann man annehmen, daß unter ihnen ältere mesozoische, vielleicht sogar oberpaläozoische[21]) Sedimente lagern. In der Zeit wurden an den Abdachungen der Mittel-

18) F. J. Vine & D. H. Matthews: „Nature", v. 199, 1963.

19) Siehe im Journal „Sa rubeshom" (Nr. 23/1969) den Artikel von T. Alexander: Diese driftende Welt, übersetzt aus der amerikanischen Zeitschrift „Fortune".

20) „Priroda", Nr. 8, 1969, S. 32; „Ocean Industry", Nr. 2, 1969.

21) Ch. L. Drake: „Canad. Journ. Earth Science", Nr. 15, 1968.

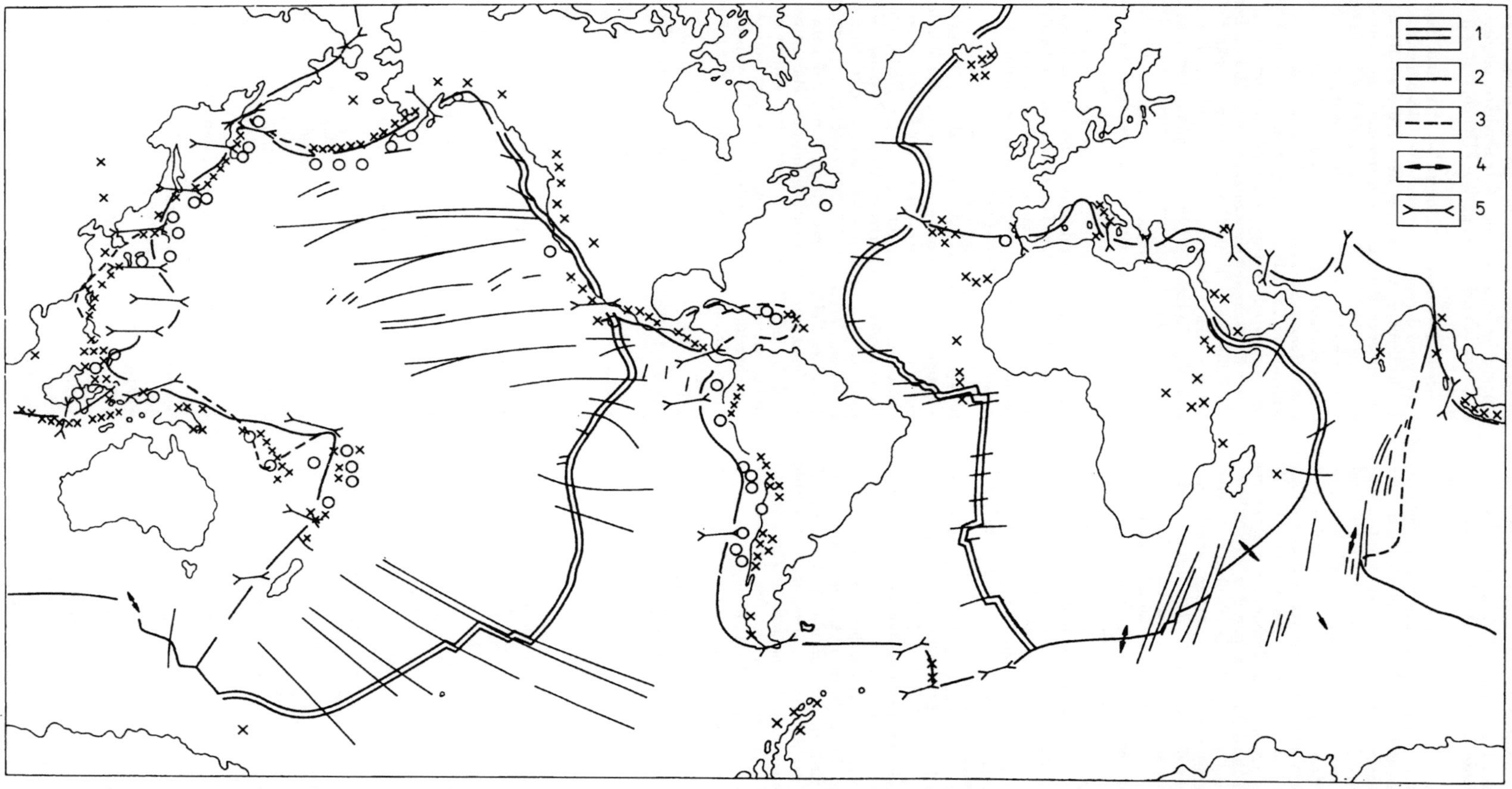

Abb. 6. Errechnete Geschwindigkeiten der Pressung und Zerrung längs der Grenze der sechs Blöcke der Lithosphäre (nach LE PICHON mit Ergänzungen von B. ISACKS u. a.)

Errechnete Bewegungen wurden nach den Werten einer bestimmten Ausdehnung, nach den magnetischen Angaben und der Orientierung der Bruchzonen längs der mittleren Ozeanriffe, die durch eine zweifache Linie (1) gekennzeichnet sind, abgeleitet. Die Zeichen für Zerrung (4) und Pressung (5) entsprechen in der Legende einer Geschwindigkeit von 10 cm jährlich. In historischer Zeit aktive Vulkane (nach GUTENBERG & RICHTER) sind durch Kreuze angegeben. Kreise stellen die Erdbebenzentren dar.

2 — übrige Grenzen der Blöcke (Inselbögen u. a.); 3 — vermutete Grenzen

atlantischen Schwelle unmittelbar über den Basalten Sedimente des Eozäns gefunden und in der Nähe der Achse der Schwellen nur Sedimente des Miozäns. Daher stimmen die eigentlichen geologischen Angaben gut mit den paläomagnetischen überein.

Die Gesamtheit dieser Angaben gab den amerikanischen und englischen Wissenschaftlern[22]) die Möglichkeit, die Schnelligkeit der Auseinanderbewegung der Kontinentalschollen zu berechnen (sie lag im Bereich von 1 bis 5 cm jährlich) und sogar Karten zu konstruieren, die die Veränderung der Breite der Ozeane, besonders des Atlantischen und Stillen Ozeans von dem Moment dieser vermuteten Bildung im Mesozoikum, d. h. vor 200 Mill. Jahren, zeigen (Abb. 5).

7. Die Seismologen erarbeiteten Methoden der Bestimmung von dynamischen Parametern der Erdbebenherde. Die Anwendung dieser Methode erlaubte festzustellen, daß in den seismischen Zonen, die den Achsen der Mittelozeanischen Schwellen folgen, in den Riftzonen des Festlands (davon zeugen auch andere obendargelegte Angaben) und in den seismisch aktiven Faltengebirgsmassiven der Kontinente und ihrer Umgebung Spannungen des Tangentialdrucks herrschen. Dabei wurde in den Zonen übertiefer Brüche an der Peripherie des Stillen Ozeans eine Hauptverschiebung, die vom Ozean zum Kontinent gerichtet ist, festgestellt (Abb. 7).

Die Untersuchung des Auftretens von Erdbeben nach Zeit und Raum ermöglichte, einen anderen wichtigen Schluß über die Existenz der Wechselbeziehungen zwischen der seismischen Aktivität verschiedener Gebiete[23]) zu ziehen. Das bedeutet, daß die Erde ein einheitliches dynamisches System darstellt, wie J. T. WILSON richtig feststellt.

8. Es wurde ein planetarisches Netz der Tiefenbrüche erschlossen. Es erwies sich, daß es völlig gesetzmäßig zur Rotationsachse der Erde orientiert ist und sich nahezu im gesamten Verlauf ihrer Geschichte entwickelt hat.

Seine Entwicklung bringt man mit dem Wirken der Rotationskräfte der Erde in Zusammenhang, d. h. mit den bei der Veränderung der Rotationsgeschwindigkeit der Erde entstehenden Spannungen und der dadurch hervorgerufenen Umgestaltung der Figur des Planeten. Das ist noch ein Beweis für die große Rolle dieser Veränderungen im tektonischen Leben der Erde, abgesehen von ihrer sehr geringen absoluten Größe

9. Es wurden große Seitenverschiebungen im planetarischen Maßstab sowohl auf den Kontinenten als auch in den Ozeanen, den mobilen Gürteln und innerhalb der Tafeln nachgewiesen. Längs vieler dieser planetarischen Seitenverschiebungen (klassische Beispiele sind die Talass-Fergana-Störung in der UdSSR, die Sant-Andreas-Störung in Kalifornien, die Great-Glan-Störung in Schottland, die alpidische Seitenverschiebung in Neuseeland und die nordanatolische Störung in der Türkei) wurden horizontale Verschiebungen mit einer Amplitude von einigen Metern während der Erdbeben beobachtet. Genaue Nivellierungen, die in Kalifornien und Japan durchgeführt wurden, beweisen, daß ähnliche Verschiebungen auch in der Zeitspanne zwischen den Erdbeben mit einer Geschwindigkeit von einigen Zentimetern jährlich erfolgen. Geomorphologische und eigentliche geologische Angaben zeigen, daß viele von diesen Verschiebungen im Verlauf des gesamten Neogäns/Quartärs aktiv waren und in dieser Zeit die allgemeine Amplitude ihrer Verschiebungen Dutzende von Kilometern erreichte. In der Literatur werden Beweise für noch länger andauernde Entwicklungen der Verschiebungen und auch dafür angeführt, daß die Gesamtamplitude der Verschiebungen auch Hunderte Kilometer erreichen kann. Aber das wird nicht von allen Wissenschaftlern anerkannt. In jedem Falle zeugt die unbestreitbare Tatsache rezenter und junger Verschiebungen zweifellos von der prinzipiellen Möglichkeit des Auftretens ähnlicher Verschiebungen in der geologischen Vergangenheit. Zugleich gibt es ernsthafte Gründe anzunehmen, daß Verlagerungen an Verschiebungen nicht kontinuierlich im Verlauf von Hunderten Millionen Jahren, sondern hauptsächlich in den orogenen Abschlußepochen der tektonischen Zyklen, d. h. im Verlauf von Dutzenden Millionen Jahren (G. I. MAKARYTSCHEW, A. I. SUWOROW 1968), erfolgen. Ich denke, daß die Möglichkeit so bedeutender Horizontalverschiebungen in diesen Epochen durch starke Herabsetzung der Viskosität der Astenosphäre, möglicherweise bis zu ihrem Schmelzen auf großen Flächen, insbesondere an der Basis der Orogene, gegeben ist.

Große Seitenverschiebungen — das sind objektive Beweise grundlegender Horizontalverschiebungen der Schollen der Erdkruste. Als anderer Beweis dienen die tektonischen Decken oder Deckenüberschiebungen, die sehr häufig mit Seitenverschiebungen verbunden sind (die Seitenverschiebungen bilden die seitlichen Begrenzungen der Platten, die längs der Oberfläche der Deckenüberschiebung aufgeschoben sind). Bohrungen bestätigen die Existenz der Deckenüberschiebungen in vielen Faltensystemen verschiedenen Alters. Ihre Amplitude beträgt Dutzende Kilometer, in einzelnen Fällen überschreitet sie wahrscheinlich 100 km. Der Versuch, die Bildung der Deckenüberschiebungen gänzlich auf die Tätigkeit der Schwerkraft zurückzuführen, d. h. sie einfach als riesige Rutschungen zu betrachten, war nicht von Erfolg gekrönt. Obwohl bei der Entstehung vieler Deckenüberschiebungen die Gravitation eine wesentliche Rolle und in einigen Fällen auch eine entscheidende Rolle spielte, bildet sich nichtsdestoweniger ihr Hauptteil (wie auch die typische lineare Faltung) zweifellos unter den Bedingungen eines regionalen Tangentialdrucks. Dieser Druck kann schwerlich als das Ergebnis der Transformation vertikaler, radialer Kräfte in horizontale, tangentiale angesehen werden, zumal die Existenz der Druckspannung unmittelbar durch seismologische Angaben bestätigt wird.

10. Schließlich einige Worte über die neuen Angaben der Weltraumfahrt. Gegenwärtig wurden bereits prinzipiell wichtige Fakten über die Asymmetrie des Mondreliefs festgestellt (analog zur Erde mit ihrer Einteilung in die Ozeanhälfte — Stiller Ozean — und die Festlandhälfte); der planetarischen Schwereanomalie (Maxima wie auf der Erde, in den Meeren sogenannte Maskonen); des planetarischen Netzes der Brüche (wiederum dem der Erde ähnlich); des Fehlens eines Magnetfeldes auf dem Mond, auf der Venus und offensichtlich auf dem Mars; über die Ähnlichkeit der Mondgesteine mit den Erdgesteinen (nicht völlig, wie das die Untersuchungen der von Apollo 11[24]) mitgebrachten Proben zeigten) u. a. Die von den Sputniks aus gemachten kosmischen Aufnahmen erlangen eine außerordentliche Bedeutung für die Deutung des Systems der größten Brüche, sogenannter Lineamente, die das gegenwärtige Gesicht der Erde prägen. Solche wichtigen Entdeckungen, die das Gesicht der modernen Geologie bestimmen, unterscheiden sich wesentlich von ihrem ehemaligen Aussehen. Für diese Entdeckungen gibt es drei charakteristische Züge:

a) Fast alle sind neuen Methoden zu verdanken, die auf der Grundlage neuer physikalischer Entwicklungen geschaffen wurden (Massenspektrometrie, Meeresbohrungen mit der Orientierung nach Sputniks usw.).

b) Diese Methoden ermöglichten, die ersten faktischen Angaben über die Besonderheiten des Baues und über den Charakter der Deformationen der Kruste und des oberen Mantels zu erhalten, über die es früher nur unterschiedliche Vermutungen gab.

c) Die Anwendung neuer Methoden erlaubte es, das für die Untersuchungen zugängliche Gebiet der geologischen Information stark auszudehnen, es auf die Ozeane, den oberen Mantel und sogar auf andere Planeten des Sonnensystems zu erweitern. Es ist erfreulich festzustellen, daß bei diesen prinzipiellen Errungenschaften der Geowissenschaften den sowjetischen Wissenschaftlern eine große Rolle zukommt. Bei einigen Fragen (z. B. seismische Tiefensondierung) waren unsere Wissenschaftler Wegbereiter. Unser Anteil könnte noch spürbarer sein, wenn rechtzeitig einige neue Forschungsrichtungen, insbesondere die Ozeanologie, hier besonders die Meeresbohrung und Seismoakustik, ebenfalls die experimentelle Petrologie, in ihrer Bedeutung erkannt worden wären.

Insgesamt gibt die Vorwärtsbewegung der Geologie bei einer Reihe von Richtungen in neue Gebiete das Recht, den Schluß zu ziehen, daß sie tatsächlich den Weg der wissenschaftlichen Revolution beschritten hat, die in ihr erfolgenden Veränderungen tragen qualitativen Charakter und sind

[22]) J. R. HEIRTZLER u. a.: „Journ. Geoph. Res.", Nr. 10, 1968, u. a.
[23]) G. BENJOFF, im Sammelbd. „Erdkruste", M. IL, 1956.
[24]) Siehe „Priroda", Nr. 12, 1969.

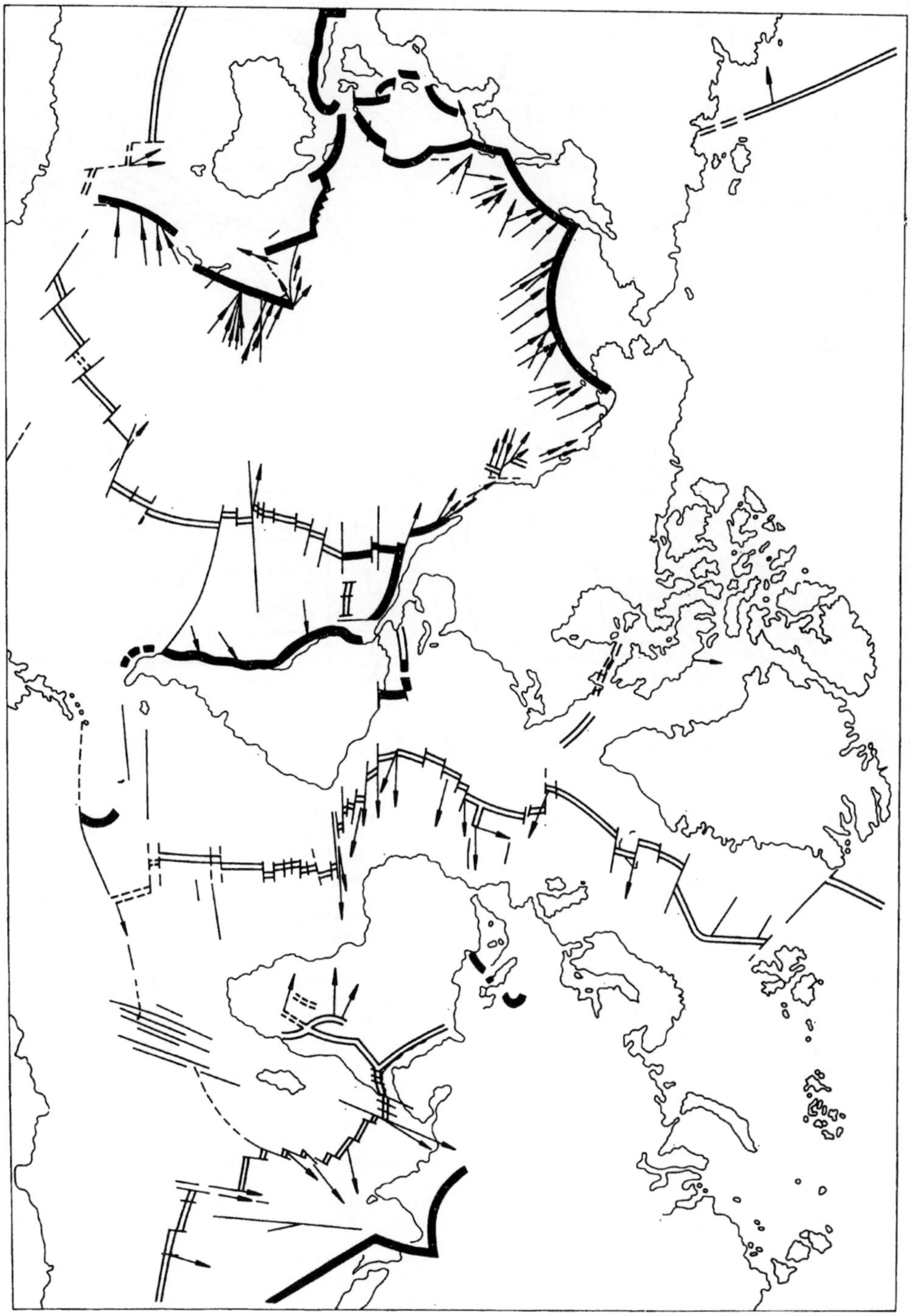

Abb. 7. Summarische Vektorenkarte der Verschiebung nach der Untersuchung von Erdbebenmechanismen (nach B. ISACKS u. a.)

Die Pfeile zeigen die horizontalen Komponenten der relativen Verlagerung eines Blockes an. Die Achsen der Weltdriftsysteme wurden durch doppelte Linien, die Inselbögen und die Bogenstrukturen durch fette einzelne Linien und die wichtigsten transformativen Brüche durch dünne einzelne Linien dargestellt.

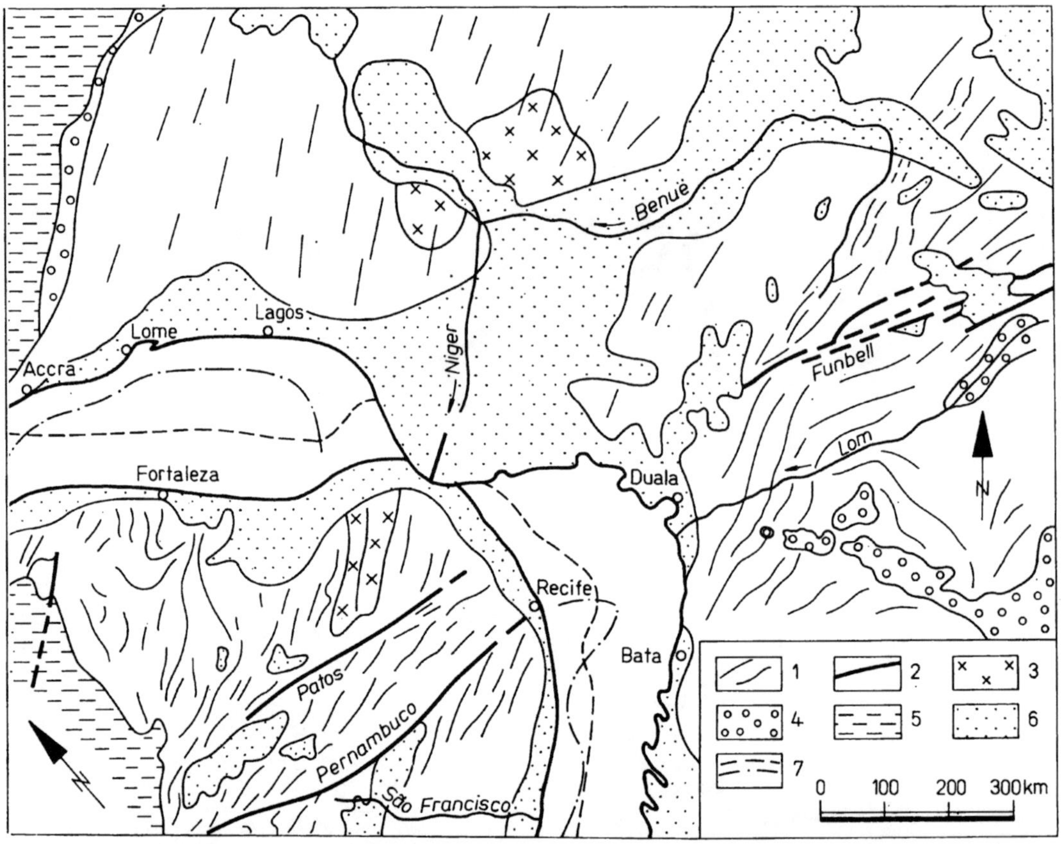

Abb. 8. Vergleichendes geologisches Schema Westafrikas und Nordostbrasiliens (nach F. F. M. DE ALMEIDA)

1 – Streichrichtung der Faltenstrukturen; 2 – Brüche; 3 – pegmatitische metallogenetische Provinzen; 4 – kambrische, schwachgefaltete Serien; 5 – unterpaläozoische Sedimente; 6 – mesozoische und känozoische Sedimente und vulkanische Decken; 7 – 2000-m-Isobathen

mit einem immer intensiveren Eindringen neuer physikalischer Untersuchungsmethoden verbunden.

So stimmen wir mit J. T. WILSON darin überein, daß sich in der Geologie wirklich eine wissenschaftliche Revolution vollzieht. Ich kann jedoch nicht einverstanden sein, daß diese Revolution bereits erfolgt ist und in einem vollen Sieg des Mobilismus und der Schaffung einer neuen allgemeinen Theorie der Entwicklung der Erde auf dieser Grundlage zum Ausdruck kam, die berufen ist, die alten und somit zur Vergessenheit verurteilten fixistischen Vorstellungen vollkommen zu ersetzen. Hierin teile ich, jedoch bei weitem nicht vollkommen, die Bedenken von W. W. BELOUSSOW. Wenden wir uns jedoch dem Wesen des Streites zwischen den Fixisten und Mobilisten zu.

Fixismus oder Mobilismus

Welche Argumente wurden vor über einem halben Jahrhundert für die Begründung der ersten wissenschaftlichen Variante der Hypothese des Mobilismus vorgebracht, und worin besteht ihre heutige Bedeutung? Das ist vor allem:

a) die Ähnlichkeit in den Umrissen der Küstenlinien der Kontinente, die durch den Atlantischen Ozean[25]) getrennt werden;

b) die Form der hypsographischen Kurve, die darauf hindeutet, daß die Kontinente und der Ozeanboden zwei unterschiedliche Stufen im Relief der Erde darstellen (von da aus kam WEGENER zu der Schlußfolgerung einer unterschiedlichen Zusammensetzung ihrer Kruste und des Fehlens des Sials in den Ozeanen);

c) die Ähnlichkeit des geologischen Baues der Kontinente der südlichen, sogenannten Gondwana-Gruppe, die Gemeinsamkeit ihrer spätpaläozoischen, frühmesozoischen Landfauna und -flora;

d) die Entwicklung einer spätpaläozoischen Vereisung auf einem weiten Gebiet auf der Südhalbkugel und das Fehlen ihrer Spuren auf der Nordhalbkugel, außer Hindustan, das in die Gondwana-Gruppe der Festländer eingeht.

Der erste Punkt erfuhr eine zusätzliche Bestätigung, als der bekannte englische Geophysiker E. BULLARD[26]) keine Konturen der Küstenlinien, die im Laufe der geologischen Zeit Veränderungen erfuhren, sondern Konturen des Kontinentalabhangs aufstellte, die nach modernen geophysikalischen Daten mehr tatsächlichen Begrenzungen der Kontinentalschollen der Erdkruste entprechen. Es ist interessant, daß sogar einige Abweichungen oder Überdeckungen der Kontinente, die in der Natur zu beobachten sind, ihre Erklärung finden. So erklärt sich der „Überschuß" der Fläche Afrikas im Gebiet des Nigerdeltas leicht dadurch, daß das Delta des Nigers bereits nach der Trennung Afrikas von Südamerika entstanden ist. Andere Abweichungen können mit einer Drehung einzelner Schollen längs der Linien verbunden sein, die mit den Brüchen quer zur Mittelatlantischen Schwelle[27]) zusammenfallen.

Das zweite Argument erfuhr eine noch überzeugendere Bestätigung, als starke Unterschiede in der Zusammensetzung

[25]) Diese Ähnlichkeit ist so auffällig, daß sie schon im 17./18. Jahrhundert mehrmals den Naturforschern verschiedener Länder den Anstoß gab, Ideen zu äußern, die die Hypothese von TAYLOR-WEGENER vorwegnahmen.

[26]) E. C. BULLARD u. a.: „Phil. Trans Roy. Soc. Lond", A 258, 1965.

[27]) B. M. FUNNEL & A. G. SMITH: „Nature", v. 219, 1968.

und im Bau der Kruste der Kontinental- und Ozeanbereiche der Erde entdeckt wurden. Das gleiche kann man auch vom dritten Argument sagen, wobei nicht nur zu Zeiten WEGENERS, sondern auch seines Nachfolgers A. L. DU TOIT (30er Jahre) faktisch weder eine stratigraphische, noch strukturelle Gliederung des Präkambriums der Gondwana-Kontinente existierte, sondern nur Profile des Oberen Paläozoikums und Mesozoikums verglichen wurden. Gegenwärtig hat man entdeckt, daß die Zonen verschiedenaltriger präkambrischer Faltung, die auf einem Kontinent festgestellt wurden, ihre Fortsetzung auf einem anderen finden; besonders bezeichnend ist in dieser Beziehung das Beispiel Südamerikas und Afrikas (Abb. 8).[28]) Eine wichtige Bedeutung, wie wir sehen werden, hat auch die Tatsache, daß die Gondwana-Kontinente fast in ihrem gesamten Umfang von Zonen der spätpräkambrischen (baikalischen) Faltung umrahmt werden.

In der ersten Entwicklungsetappe der Ideen des Mobilismus war bis zum Internationalen Geophysikalischen Jahr fast nichts über den Bau eines der Gondwana-Kontinente, der Antarktis, bekannt. Deshalb kann die Antarktis als Prüfstein angesehen werden, an dem die Hypothese über die ehemalige Einheit Gondwanas überprüft werden konnte. Anfangs waren die Wissenschaftler erstaunt, daß in der Antarktis, die in der Nähe des vermuteten spätpaläozoischen Pols liegt, Spuren der Vereisung dieser Zeit fehlten. Jedoch wurden danach hier nicht nur mächtige Gletscherbildungen gefunden, sondern auch die gesamte Palette der paläozoischen und mesozoischen Schichten bis zu den Plateaubasalten von Ferrar, der vollen Analoga der Basalte von Paraná, des Drachengebirges und Tasmaniens. Darüber hinaus wurden neben der Entdeckung der Glossopteris-Flora (farnartig) am Ende des Karbons und zu Anfang des Perms vor kurzem untertriassische Labyrinthodontia-Amphibien entdeckt. Dieser Fund bestätigt überzeugend die Existenz von Landverbindungen zwischen der Antarktis, Südamerika und Afrika in der entsprechenden Epoche. Die identische Fauna von kleinen Süßwasserkrebstieren in Ablagerungen des späten Juras und zu Beginn der Kreide wurde an der atlantischen Küste von Brasilien, Gabon und Angola entdeckt. Folglich wurde auch in diesem Punkt die Hypothese von WEGENER nicht nur nicht widerlegt, sondern im Gegenteil durch neue Angaben gefestigt.

Jetzt zum letzten Argument. Die Versuche, die Verbreitung der spätpaläozoischen Vereisung von fixistischen Positionen aus zu erklären (beispielsweise, daß die Vereisung von Hindustan und Australien, die sich in weitester Entfernung von der Peripherie des Gletscherschildes Gondwana befanden, nicht Decken-, sondern Gebirgscharakter trug), kann man kaum als befriedigend bezeichnen. Sowohl in Hindustan als auch in Australien waren bedeutende Flächen von Gletschern bedeckt, wobei sie in Australien hauptsächlich innerhalb der Tafel lagen, wo die Höhen kaum 1 bis 1,5 km überschreiten konnten.

Somit bewahrte die Ausgangsargumentation der Autoren der Mobilismushypothese ihre Bedeutung und verstärkte sie sogar noch. Freilich hat nicht eines dieser Argumente an sich (besonders die Ähnlichkeit des geologischen Baues der Gondwana-Kontinente) und nicht einmal ihre Gesamtheit entscheidende Bedeutung, aber nichtsdestoweniger ist diese Tatsache hinreichend bezeichnend. Zugleich muß man anerkennen, daß die meisten neuen Entdeckungen, die oben angeführt wurden, Wasser auf die Mühle des Mobilismus gießen. Natürlich kann man, für jeden neuen Fakt allein genommen (außer den Angaben des Paläomagnetismus, aber einschließlich der magnetischen Streifenanomalien der Mittelozeanischen Schwelle[29])), auch eine fixistische Erklärung vorlegen. Aber die Summe dieser Tatsachen, insbesondere das Zusammenfallen der Angaben, die durch verschiedene Methoden vollkommen unabhängig voneinander erhalten wurden, können keinen großen Eindruck hervorrufen.

Offenbar darf man nicht auf den Positionen eines strengen Fixismus verweilen, und die Frage besteht darin, sollte man völlig und ohne Vorbehalte zu mobilistischen Auffassungen übergehen oder sollte man irgend etwas aus dem fixistischen Erbe bewahren. Aber ehe wir diese Frage beantworten, sehen wir uns die Einwände an, die über die mobilistischen Vorstellungen weiterhin geäußert werden.

Die Einwände der Fixisten

Man kann sie in zwei Gruppen zusammenfassen. Eine von ihnen bezieht sich auf den vorgeschlagenen Mechanismus der horizontalen Verteilung der Kontinentalschollen und die zweite auf den Widerspruch zwischen der Vorstellung von bedeutenden Verschiebungen dieser Schollen und den Angaben der strukturellen und historischen Geologie über die Dauer und Beständigkeit der Entwicklung der Hauptstrukturelemente der Erdkruste. Die Entgegnungen des ersten Typs können keine entscheidende Rolle spielen, um so weniger, da sie in erheblichem Maße die Hypothese des Mobilismus in ihrer ursprünglichen WEGENERschen Variante betreffen. So wird der Mangel an Kräften, um die Kontinentalschollen in Bewegung zu bringen, auch von den modernen Mobilisten anerkannt. Sie betrachten als Hauptquelle der Horizontalbewegungen entweder die subkrustalen Konvektionsströme (HOLMES, HESS, DIETZ und viele andere) oder die Gravitationskräfte[30]). Gegen beide Erklärungen werden ebenfalls Einwände vorgebracht, insbesondere: Die horizontale Schichtung des Mantels widerspricht der Möglichkeit von Konvektionsströmen, aber das schließt nicht ihr Auftreten innerhalb einzelner der Dichte nach homogener Schichten, insbesondere in der Astenosphäre, aus. Außerdem können die Ströme im Mantel nicht einfach Konvektions-, sondern Gravitations-Konvektionsströme sein. Die Existenz der Verschiebungen, des Fließens der Mantelsubstanz, nicht nur in vertikaler, sondern auch in horizontaler Richtung kann kaum bestritten werden; denn ohne das kann die isostatische Kompensation nicht verwirklicht werden. Schließlich, und das ist wahrscheinlich das wichtigste, können die Unklarheit der tieferen Ursachen der Naturprozesse und der hypothetische Charakter der für ihre Erklärung vorgeschlagenen Mechanismen an sich nicht die Realität solcher Prozesse widerlegen. Ebenso hypothetisch sind auch andere vorgeschlagene geologische Mechanismen, z. B. der Mechanismus der Basifizierung der Kontinentalkruste.

Weitaus ernsthafter muß man sich mit den Einwänden befassen, die sich auf die Dauer, Widerstandsfähigkeit und Postumität der wichtigsten Züge der Struktur der Lithosphäre gründen. Das betrifft insbesondere die relative Lage der Kontinentaltafeln der Geosynklinalgürtel und der wichtigsten Tiefenbrüche. Tatsächlich wurde der allgemeine Plan der Anordnung dieser wichtigsten Elemente der kontinentalen Lithosphäre bereits zu Anfang des späten Präkambriums zwischen 1350 und 1000 Mill. Jahren angelegt. Dabei sind die Geosynklinalen organisch mit den Tiefenbrüchen verbunden, aber das Netz der Tiefenbrüche sowie die Anordnung der Kontinentaltafeln zeigen eine gesetzmäßige Orientierung zur heutigen Rotationsachse der Erde.

Einwände gegen den Mobilismus, die sich auf ähnliche Überlegungen gründen, wurden von N. S. SCHATZKIJ (1947) in dem Artikel „Die Hypothese WEGENERS und die Geosynklinalen" ausgesprochen und danach in den Arbeiten von W. W. BELOUSSOW und in einem kürzlich erschienenen Buch eines der ältesten und größten Geologen des Westens, des belgischen Akademiemitglieds P. FOURMARIER[31]), weiterentwickelt. Der Hauptwiderspruch zwischen Fixismus und Mobilismus besteht gerade darin: Eine Kategorie der geologisch-geophysikalischen Fakten spricht für die Unveränderlichkeit des Strukturplans der Lithosphäre, eine andere Kategorie spricht von wesentlichen Veränderungen bei der relativen Anordnung der Kontinentalschollen. Die dialektische Überwindung dieses Widerspruchs ist durchaus möglich, sie muß eben den Weg zur Schaffung einer allgemeinen Theorie der Evolution der Lithosphäre eröffnen.

Eine der Möglichkeiten, die Konstanz des Strukturplans mit der Auseinanderbewegung der Kontinentalschollen und der Neubildung der Ozeane zu verknüpfen, bedeutet, die

---

[28]) A. I. TUGARINOW: „Geochimija", Nr. 10, 1967.

[29]) Siehe die Kritik der Hypothese VINE-MATTHEWS in der Arbeit: D. N. WATKINS & A. RICHARDSON: Earth Planet, „Science lett.", v. 4, Nr. 3, 1968.

[30]) R. W. VAN BEMMELEN: „Mitt. geol. Ges. Wien", Bd. 57, H. 2, 1965.

[31]) P. FOURMARIER: La problème de la dérive des continents. – Bruxelles 1967.

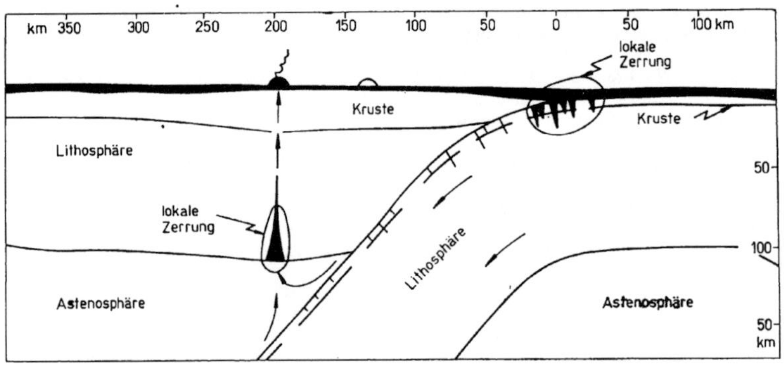

Abb. 9. Vertikaler Schnitt durch einen Inselbogen, der eine absinkende Platte der Lithosphäre, die seismische Zone längs der Oberfläche der Platte (der Kruste benachbart) und die Zerrungsstrukturen unter einer Tiefseerinne zeigt, wo die Platte nicht stark abgesunken ist und die Oberfläche frei liegt

Hypothese der Ausdehnung der Erde anzunehmen.[32]) Doch die Entdeckung der natürlichen Radioaktivität brachte die Kontraktionshypothese ins Wanken, und neue Berechnungen der thermischen Geschichte der Erde wiesen auf die Möglichkeit ihrer Erwärmung und Ausdehnung[33]) hin.

Man muß jedoch gleichzeitig eine Einschränkung machen. Die „extremistische" Variante der Hypothese der sich ausdehnenden Erde sieht vor, daß die Ausdehnung erst in der Kreidezeit begann und daß bis dahin die Kontinente zu einer einheitlichen Masse verschmolzen, die die Erde mit einer kompakten Hülle umschloß. Ein ähnlicher Versuch, die Kontinente in eine einheitliche „Pangea" zu bringen, zwingt dazu, außerordentlich komplizierte Drehungen und eine weite Verlagerung der einzelnen Kontinentalschollen mit völligem Zerbrechen sich stabil entwickelnder mobiler Gürtel — des Pazifischen und des Mediterranen Gürtels — anzunehmen. Bohrungen im Atlantischen Ozean und Angaben über den Stillen Ozean zeigen, daß der Beginn der Herausbildung des Atlantischen Ozeans mindestens ins frühe Mesozoikum gehört, aber für den Stillen Ozean begann sie wahrscheinlich bedeutend früher. Schließlich führt die kritische Analyse der paläomagnetischen Angaben einiger Wissenschaftler zu dem Schluß, daß der Radius der Erde im Perm ungefähr 0,8 des heutigen Radius ausmachte und sich in der Kreidezeit auf 0,97 bis 0,98% vergrößerte.[34])

Wenn folglich die Ausdehnung der Erde im Verlauf des Mesozoikums und Känozoikums stattfand, dann nur in verhältnismäßig geringem Grad. Deshalb ist es am wahrscheinlichsten, daß die Auseinanderbewegungen im Gebiet der neugebildeten Ozeane, des Atlantischen und Indischen Ozeans, des Nördlichen und Südlichen Eismeeres, durch eine Überschiebung von Kontinentalschollen, die die älteren Ozeane, den Pazifik und die Tethys umgeben, auf ihre Kruste begleitet sind und in erheblichem Maße kompensiert werden. Ein Ausdruck dieser Überschiebung oder, genauer, Unterschiebung der ozeanischen Kruste unter die kontinentale (Abb. 9) sind die geneigten (die Neigung verkleinert sich zur Oberfläche) übertiefen Brüche, die über die gesamte Peripherie des Stillen Ozeans auftreten. Ihre hohe seismische Aktivität ist deutlich mit den sich fortsetzenden relativen Verschiebungen[35]) verbunden. Die Neigung dieser Brüche kann zum Teil als Antwort auf die Frage dienen, was mit den Tiefenbrüchen und mit den Geosynklinalen bei den Horizontalverschiebungen der Lithosphäre geschieht. Aber diese Frage kann sich nur auf die tiefsten „transastenosphärischen" Brüche beziehen. Was die weniger tiefen betrifft, die an den obersten Teilen des Mantels ausklingen, so müssen sie offensichtlich zusammen mit den Kontinentalschollen verschoben werden. Schließlich sind während der Drift durchaus ein Abreißen des oberen über der Astenosphäre gelegenen Teils des Bruchs vom unteren Teil und die Bildung eines neuen Bruchs („Durchscheinen") unter diesen Wurzeln oder, umgekehrt, das Eindringen des lithosphärischen Bruchs erneut in die Astenosphäre bei Zunahme ihrer Viskosität möglich.

Brüche, an denen sich Auseinanderbewegungen vollzogen, die zur Bildung der jungen Ozeane führten, und an denen junge Kontinentalrifte entstanden, decken den gesetzmäßigen Zusammenhang mit den Achsenteilen der alten, besonders der baikalischen und kaledonischen Faltensysteme auf (W. E. CHAIN). Es läßt sich denken, daß in der Epoche der Vergrößerung des Radius der Erde gerade an diesen alten Nähten Spaltungen der Lithosphäre begannen; sie führten zur Senkung des Drucks auf die Astenosphäre, was zu ihrem teilweisen Schmelzen, zum Aufstieg und zur Anhäufung der Produkte dieses Schmelzens in Form einer Linse, unter Bildung einer Scheitelhebung, beitragen mußte. Letztere regte ihrerseits eine weitere Ausdehnung und das Bersten des Gewölbes sowie das Eindringen von „Megadykes"[36]) aus Mantelmaterial an. Das subhorizontale Auseinanderfließen der Substanz in der Astenosphäre sowie das Auseinandergleiten der Linse des hochplastischen Materials, das sich an der Basis der Kruste der Mittelozeanischen Schwellen und ihrer kontinentalen Analoga angesammelt hatte, mußten zu einer weiteren Ausdehnung der Lithosphäre und zur Schaffung eines Spannungszustandes, zumindest für die gesamte Breite der Mittelozeanischen Schwellen, führen. Das ist eine der möglichen Varianten des Prozesses der Rift- und Ozeanbildung.[37]) Die Breite der Auseinanderbewegungen und die Schnelligkeit ihrer Bildung variierten im Streichen der Ausgangsbrüche, wobei sie sich sprunghaft längs der Risse der Seitenverschiebung und quer in Richtung der Hauptriftzonen veränderten, wie das besonders gut im Atlantik zu sehen ist. Dabei konnte auch eine gewisse Drehung der Kontinentalschollen mit Veränderung ihrer relativen Lage erfolgen. Das konnte zu einer gewissen Verzerrung des ursprünglichen Strukturplans führen, ohne ihn jedoch völlig zu stören.

Ein anderer Faktor der relativen Verlagerung der Kontinentalschollen konnte das Zurückbleiben der kleineren Schollen gegenüber den großen und der stärker gesenkten Teile der Kruste im Vergleich zu den gehobeneren Teilen bei der axialen Rotation der Erde sein. Dieser Faktor dient offensichtlich als Hauptgrund für die S-förmige Biegung der Achse der Kontinente der westlichen Halbkugel und Asiens gegenüber Australien. Es gibt Gründe anzunehmen, daß sich mit der Zeit die Form der Inselbögen ändert. Diese bemerkenswerten rezenten Bögen, wie die Antillen, Sandwich-Inseln, die Inselbögen rings um das Banda-Meer in Indonesien, waren ursprünglich wahrscheinlich weitaus weniger steil; das bezieht sich ebenfalls auf ihre älteren Analoga:

[32]) Diese Hypothese wurde von dem deutschen Geophysiker O. HILGENBERG aufgestellt und von ihm und dem ungarischen Geophysiker EGYED weiterentwickelt und ebenfalls von dem amerikanischen Ozeanologen B. HISEN unterstützt.

[33]) E. A. LJUBIMOWA: Thermik der Erde und des Mondes, M. – Nauka (1968).

[34]) D. VAN HILTEN: „Tectonophysics", v. 5, Nr. 3, 1968.

[35]) B. ISACKS, J. OLIVER & L. R. SYKES: „Journ. Geoph. Res.", v. 73, Nr. 18, 1969.

[36]) Megadykes (große Dykes) = Eindringen des Magmas auf Spalten in die Erdkruste.

[37]) S. A. USCHAKOW & M. S. KRASS: „Westnik MGU", geol., Nr. 3, 1969.

den Karpatenbogen, den Pamirbogen, den Sizilianisch-Alpinischen Bogen und andere. Im Hinterland eines großen Teils ähnlicher Bögen entstanden gesetzmäßige Gebiete der Zerrung und Senkung, und sie selbst tragen Spuren der Zerrung (transversale Bruchverschiebungen) und nicht selten auch Störungen der Kontinuität mit Ausfüllung der Zwischenräume durch junge vulkanische Sedimente (Kleine Antillen, südliche Sandwich-Inseln u. a.). Diesem Vorgang liegen am ehesten die Horizontalverschiebungen der Mantelsubstanz, die durch ihre verschiedene Dichte auf beiden Seiten des Bogens hervorgerufen werden (S. A. USCHAKOW 1968), zugrunde.

Einige Ergebnisse und Perspektiven

Somit kommen wir zu dem Schluß, daß es ausreichende Möglichkeiten für die Klärung der tektonischen Evolution der Erde auf der Grundlage der Kombination des Prinzips der Postumität und des Prinzips des Mobilismus gibt. Folglich muß das alte statische Modell der Tektonosphäre dem neuen dynamischen Modell („relativistisch" nach VAN BEMMELEN) Platz machen. Die Erarbeitung einer vollständigeren Theorie der Tektogenese erfordert eine allseitige und objektive Berücksichtigung sowohl aller durch neue Methoden erhaltenen Angaben, darunter auch über die Ozeane, als auch Angaben der klassischen Geologie[38] (der kontinentalen Geologie, wie sie W. W. BELOUSSOW nennt). So dürfen zum Beispiel Angaben des Paläomagnetismus (das bezieht sich auch auf die Radiogeochronometrie) weder ignoriert werden (auf keinen Fall) noch kritiklos verwendet werden; man sollte sie in Verbindung und in Gegenüberstellung mit den eigentlichen geologischen Angaben, den stratigraphischen, lithologischen, paläontologischen und strukturellen Angaben, interpretieren. Dabei möchte ich unterstreichen, daß gegenwärtig ein starkes Zurückbleiben in der Verallgemeinerung der angesammelten geologischen Daten zwecks paläogeographischer und paläotektonischer Rekonstruktionen festzustellen ist. Gerade in dieser Angelegenheit wurde in den letzten Jahrzehnten umfangreiches Material über früher schwach untersuchte Gebiete, besonders Zentral- und Südostasiens, Afrikas, Südamerikas, Zentral- und Westaustraliens und der Antarktis, erhalten. Die Berücksichtigung dieser neuen Informationen bringt sehr wesentliche Korrekturen in die klassischen paläogeographischen und paläotektonischen Schemata hinein. Die Arbeit zu ähnlichen Verallgemeinerungen mit einer nachfolgenden quantitativen und statistischen Bearbeitung wäre am zweckmäßigsten im internationalen Maßstab zu organisieren. Ebenfalls erforderlich ist eine Verstärkung der Untersuchungen in der Richtung, die man als globale Geomechanik bezeichnen kann: die Untersuchung des allgemeinen Plans der Deformationen der Erde, ihrer Kinematik und Dynamik.

Bei der Überführung der Geologie in neue Bahnen gibt es auch ernsthafte psychologische Schwierigkeiten. Vielen Geologen scheint, daß bereits eine teilweise Anerkennung des Mobilismus gewissermaßen jenen den Boden entzieht, die sich mit paläogeographischen und paläogeotektonischen Rekonstruktionen beschäftigen und angeblich den Untersuchungen von Fazies und Sedimentationsmächtigkeiten mit dem Ziel einer Rekonstruktion der Geschichte der vertikalen Bewegungen den Sinn rauben. Dieses Argument kann aber nicht gegen den Mobilismus verwendet werden. Ebenso ist die Kompliziertheit der Relativitätstheorie und Quantenmechanik keine Grundlage für die Rückkehr zur klassischen Physik. Die Berücksichtigung der horizontalen Bewegung muß in der nächsten Zukunft ein unerläßliches Element der paläogeographischen und paläotektonischen Forschungen sein, aber die Sache wird dadurch erleichtert, daß sich diese Bewegungen, zumindest der letzten 1,5 Mrd. Jahre der Erdgeschichte, in bestimmten Zonen konzentrierten, während die großen stabilen Tafelschollen entweder ihre Lage beibehielten oder als Ganzes[39]) verlagert wurden. Im Lichte der neuen Entdeckungen hat die geologische Wissenschaft gleichsam eine zweite Blüte erlangt. Die Geheimnisse der Erde liegen uns buchstäblich unter den Füßen, aber deshalb sind sie nicht weniger kompliziert als die Geheimnisse des Kosmos und erfordern für ihre gesamte Entdeckung das Heranziehen neuer Talente. Zugleich erschließt die Enträtselung dieser Geheimnisse der Menschheit neue Horizonte der Erkenntnis der Welt und hat möglicherweise Einfluß auf die Entwicklung der „fundamentalsten" Wissenschaften, insbesondere der Physik und Chemie, wie das auch bei der Astronomie der Fall ist. Vor den jungen Geologen, Geophysikern und Geochemikern liegt ein verlockendes Betätigungsfeld. Ihnen fällt die Aufgabe zu, die Umgestaltung der Geowissenschaften zu einem erfolgreichen Ende zu führen.

[38]) Dabei ist es schwierig, den Aussagen von W. W. BELOUSSOW dahingehend zuzustimmen, daß die Angaben der „Kontinentalgeologie" insgesamt zugunsten des Fixismus und nicht des Mobilismus sprechen.

[39]) W. J. MORGAN: „Journ. Geoph. Res.", v. 73, Nr. 9, 1968; X. LE PICHON: „Journ. Geoph. Res.", v. 73, Nr. 12, 1968.

Die Bestimmung des spezifischen elektrischen Widerstands von Braunkohlen im Labor zur Korrelation mit technologischen Eigenschaften

ROLF RÖSLER & GERHARD ZSCHERPE, Freiberg (Sa.)

(Mitteilung aus dem Deutschen Brennstoffinstitut, Freiberg)

1. Einleitung

Nachdem 1962 die geophysikalische Bohrlochmessung in die Braunkohlenerkundung eingeführt wurde, besteht nun die Aufgabe, die mittels geophysikalischer Bohrlochmessung gewonnenen Informationen maximal zu nutzen. Daraus ergeben sich folgende Forderungen:

a) die qualitative Kennzeichnung der Braunkohle hinsichtlich ihrer Verarbeitungseigenschaften mit Hilfe von Bohrlochmessungen zu untersuchen;

b) die Genauigkeit aufzuzeigen, die den Zusammenhängen zwischen geophysikalischen Meßgrößen und technologischen Parametern eigen ist.

Zur Erfüllung der zweiten Forderung war es notwendig, anhand von Laboruntersuchungen die möglichen Zusammenhänge zwischen den technologischen Parametern der Braunkohle und dem spezifischen elektrischen Widerstand zu ermitteln. Dabei geht es nicht nur um den Nachweis von Zusammenhängen, sondern um die Genauigkeit, mit der aus geophysikalischen Bohrlochmeßwerten technologisch interessierende Kenngrößen bestimmt werden können.

Eingang des Manuskripts in der Redaktion: 18. 6. 1970.

2. Der spezifische elektrische Widerstand der Braunkohle

Unter der begründeten Annahme, daß das Gesteinsskelett der Braunkohle nur einen vernachlässigbaren Beitrag zur Gesamtleitfähigkeit leistet, kann der spezifische elektrische Widerstand der wassergesättigten Braunkohle ϱ_0 entsprechend den bekannten Beziehungen zwischen dem spezifischen elektrischen Widerstand und den Speichereigenschaften für intergranularporöse tonfreie Sedimente als lineare Funktion des Schichtwasserwiderstands ϱ_w dargestellt werden:

$$\varrho_0 = F \varrho_w$$

Zwischen Formationsfaktor F und Porosität p gilt dann die ARCHIE-Gleichung (ARCHIE 1958, KOMAROW 1956):

$$F = \frac{1}{p^m}$$

Der spezifische elektrische Widerstand ist mit dem Formationsfaktor durch die Beziehung

$$\varrho_t = \frac{\varrho_w}{p^m S_w^n} = \frac{F \cdot \varrho_w}{S_w^n}$$

verbunden, wobei unter S_w der Sättigungsgrad des Porenvolumens mit Formationswasser verstanden wird.

Bei vollständiger Wassersättigung gilt

$$\varrho_t = \varrho_0 = \frac{\varrho_w}{p^m} = F \cdot \varrho_w$$

Es ist offensichtlich, daß der spezifische elektrische Widerstand eine Funktion der Wassersättigung ist. Er ist um so größer, je geringer die Wassersättigung ist. Für dieses Verhalten wurde die empirische Beziehung

$$\varrho_t = \frac{\varrho_0}{S_w^n}$$

bestimmt.

Dabei sind der Zementationsexponent m und der Sättigungsexponent n gesteinsspezifische Größen. Braunkohlen besitzen auf Grund ihrer petrophysikalischen Eigenschaften einen charakteristischen Zementationsexponenten m und Sättigungsexponenten n.

Der spezifische elektrische Widerstand der Braunkohle ist somit unter den getroffenen Voraussetzungen eine Funktion

a) der Wassersättigung S_w,
b) des Schichtwasserwiderstands ϱ_w und
c) der Porosität p.

Kann die Leitfähigkeit des Gesteinsskeletts nicht vernachlässigt werden, so müssen die Erkenntnisse der Formationsbewertung für tonige Sande angewendet werden. Es gilt zwar

$$\varrho_0 = F \cdot \varrho_w$$

doch ist darin der Formationsfaktor eine Funktion des Schichtwasserwiderstands

$$\varrho_0 = F(\varrho_w) \cdot \varrho_w.$$

3. Messung des spezifischen elektrischen Widerstands

Von den zahlreich entwickelten und erprobten Methoden zur Bestimmung des spezifischen elektrischen Widerstands an Gesteinsproben wurden durch umfangreiche methodische Untersuchungen zur Bestimmung des spezifischen elektrischen Widerstands von Braunkohlen im Labor als besonders geeignet gefunden:

a) Vierpunktmessungen an Proben mit unregelmäßiger Gestalt kleiner Abmessungen nach FRITZSCH (1960) mittels Vergleichselektrolyt,

b) Vierpunktmessungen an Proben mit regelmäßiger Gestalt (zylindrische Proben, Bohrkerne),

c) Vierpunktmessungen an Proben unregelmäßiger Gestalt großer Abmessungen.

Meßanordnung, Schaltung

Wie auch bei geoelektrischen Geländemessungen wird der Elektrodenübergangswiderstand durch Vierpunktmessungen eliminiert, indem zwei Elektroden zur Stromzuführung und zwei weitere zur (leistungslosen) Messung des Spannungsabfalls verwendet werden. Zur Vermeidung von Polarisationserscheinungen an den Elektroden wurden sämtliche Widerstandsmessungen mit niederfrequentem Wechselstrom ausgeführt.

Die Spannungsmessung erfolgte mit einem hochohmigen Röhrenvoltmeter (QRV 2, Hersteller: SAD Dresden). Der hohe Eingangswiderstand von 100 MΩ garantiert praktisch eine leistungslose Messung. Die Stromstärke wurde indirekt aus dem gemessenen Spannungsabfall über einen in den Stromkreis geschalteten 1-kΩ-Widerstand bestimmt. Als Wechselstromquelle wurde ein RC-Generator (GF 2, 200-Ω-Ausgang oder GF 20, 400-Ω-Ausgang) verwendet. Eine hinreichende Symmetrierung der Speisespannung wurde mit Hilfe eines Trenntransformators erreicht.

Messungen an unregelmäßigen Proben kleiner Abmessungen

Im Tagebau gebrochene Proben besitzen meist eine unregelmäßige Gestalt. Aus ihnen lassen sich nur selten und mit größerem Aufwand Proben definierter Geometrie gewinnen.

Da sich bei Widerstandsmessungen an derartigen Proben die Stromverteilung und damit der Sondenfaktor (auch Geometriefaktor genannt) nicht analytisch bestimmen lassen, muß dieser auf anderem Wege bestimmt werden. Hierzu bieten sich am zweckmäßigsten Vergleichsmessungen an einer Vergleichsprobe mit identischer Gestalt und bekanntem spezifischem elektrischem Widerstand (von uns verwendet: NaCl-Lösung) an, wobei die Lage der Meßelektroden die gleiche wie bei den zu untersuchenden Proben ist.

Die Widerstandsmessungen werden in folgender Weise ausgeführt:

1. Aufsetzen von vier angespitzten Kupferelektroden auf die Probe. Messung der Spannung U_1 und des Stroms I_1 und Berechnung eines Widerstands R_1 sowie Bestimmung der Temperatur ϑ_1 der Probe;

2. Anfertigung des Wachsabdrucks unter Beibehaltung der Lage der Elektroden;

3. Bestimmung des Widerstands des in den Wachsabdruck eingefüllten Elektrolyten R_2 mit bekanntem spezifischem elektrischem Widerstand ϱ_E bei vorgegebe-

ner Elektrodenkonfiguration (1.). Bestimmung der Temperatur ϑ_2 des eingefüllten Elektrolyten;

4. Berechnung des spezifischen elektrischen Widerstands ϱ_K der Kohlenprobe nach:

a) Berechnung des spezifischen elektrischen Widerstands des Vergleichselektrolyten ϱ_E bei der Temperatur ϑ_2

$$\varrho_E' = \varrho_E\,[1 + (\vartheta_2 - \vartheta_3)\,p_E]$$

ϑ_3 — Temperatur des Elektrolyten bei der Messung des spezifischen Widerstands ϱ_E des Elektrolyten;

p_E — Temperaturkoeffizient des Elektrolyten (5% NaCl-Lösung: $p_E = -0{,}022$ grd^{-1});

b) Berechnung des spezifischen elektrischen Widerstands der Probe zur Temperatur ϑ_1

$$\varrho_K' = \varrho_E'\,\frac{R_1}{R_2}$$

c) Umrechnung des Wertes ϱ_K' auf einheitliche Temperatur ϑ_0

$$\varrho_K = \varrho_K'\,[1 + (\vartheta_0 - \vartheta_1)\,p_K]$$

Der Temperaturkoeffizient des spezifischen elektrischen Widerstands der Braunkohle wurde experimentell zu

$$p_K = -0{,}027 \text{ grd}^{-1}$$

bestimmt.

Vierpunktmessungen an zylindrischen Proben

Zylindrische Proben zu Widerstandsmessungen im Labor stehen als Bohrkerne oder als aus Kohlenbrocken ausgebohrte Körper zur Verfügung. Die Stromzuführung erfolgt über zwei Flächenelektroden aus Weichblei, die auf die geglätteten Stirnflächen der Probe aufgelegt werden und durch Belastung der Probe mit einem 1-kp-Gewicht gleichmäßig bei allen Messungen auf die Proben gepreßt werden. Die Spannungsmessung erfolgt mittels angespitzter Messingelektroden. Die Meßpunkte müssen auf einer Mantellinie liegen. Zur Mittelwertbildung und für Kontrollzwecke erfolgen die Messungen auf um 60° versetzten Mantellinien an mehreren Stellen der Proben. Der spezifische elektrische Widerstand der Einzelmessung wird dann bekannterweise berechnet:

Widerstand zwischen den Meßelektroden

$$R = \frac{U}{I}$$

Daraus ergibt sich der gesuchte spezifische elektrische Widerstand

$$\varrho_i = \frac{q}{a}\,R = \frac{\pi r^2}{a}\,R = \frac{1}{4\pi}\,\frac{c^2}{a}\,\frac{U}{I}$$

q = Querschnitt der zylindrischen Probe; $q = \pi r^2$;

a = Abstand der Meßelektroden;

c = Umfang der zylindrischen Probe, $c = 2\pi r$.

Der spezifische elektrische Widerstand der Probe ist dann

$$\varrho = \frac{1}{n}\sum_{i=1}^{n} \varrho_i$$

Vierpunktmessungen an Proben großer Abmessungen

Unter Proben großer Abmessung sollen solche verstanden werden, bei denen die Ausdehnung der anzuwendenden Vierpunktanordnung klein gegenüber den Probenabmessungen ist. Für solche Probenkörper können angenähert die bekannten Formeln der geoelektrischen Widerstandsmessungen mittels WENNER- oder SCHLUMBERGER-Anordnung an der Erdoberfläche angesetzt werden.

$$\varrho = k\,\frac{U}{I} = kR$$

Für die WENNER-Anordnung mit

$$\overline{AM} = \overline{MN} = \overline{NB} = a \quad \text{ist} \quad k = 2\pi a$$

Ist die Dicke der Probe größer als der dreifache Elektrodenabstand a und die Abmessungen der Fläche, auf der die Messungen erfolgen, sind größer als der achtfache Elektrodenabstand, so weicht der Konfigurationsfaktor der Meßanordnung weniger als 10% vom Faktor $k = 2\pi a$ ab (FRANK u. a. 1964).

Zwei Kohlenbrocken der Größe 50 × 50 × 30 cm makroskopisch homogener Braunkohlen der Lithotypen braune Kohle, gelbe Kohle und schwachgeschichtete Kohle wurden mit einer Motorsäge systematisch bis auf eine Größe von 20 × 10 × 10 cm verkleinert. Die fortlaufend ausgeführten Messungen des spezifischen elektrischen Widerstands mit einer WENNER-Anordnung $a = 3$ cm haben gezeigt, daß die Meßergebnisse am Kohlenbrocken der Ausgangsgröße weniger als 5,1 bis 7,6% vom Kohlenbrocken der Endgröße abweichen.

Bestimmung des spezifischen elektrischen Widerstands des Vergleichselektrolyten und von Schichtwasserproben

Zur Bestimmung des spezifischen elektrischen Widerstands des Vergleichselektrolyten und des Schichtwassers wurde eine Meßzelle nach Angaben von MICHAEL & BERGER (1959) gebaut. Der Sondenfaktor der Meßzelle, mit dessen Hilfe aus dem Widerstand (berechnet aus Strom- und Spannungsmessung) der spezifische elektrische Widerstand des Elektrolyten nach der Gleichung

$$\varrho_E = \alpha R$$

bestimmt wird, wurde mit NaCl-Lösungen bekannten Widerstands geeicht.

Es ergab sich der Mittelwert

$$\alpha = 0{,}00190 \text{ m}$$

Fehlerbetrachtungen

Aus dem Fehlerfortpflanzungsgesetz ergeben sich folgende relative Fehler für die Bestimmungen des spezifischen elektrischen Widerstands:

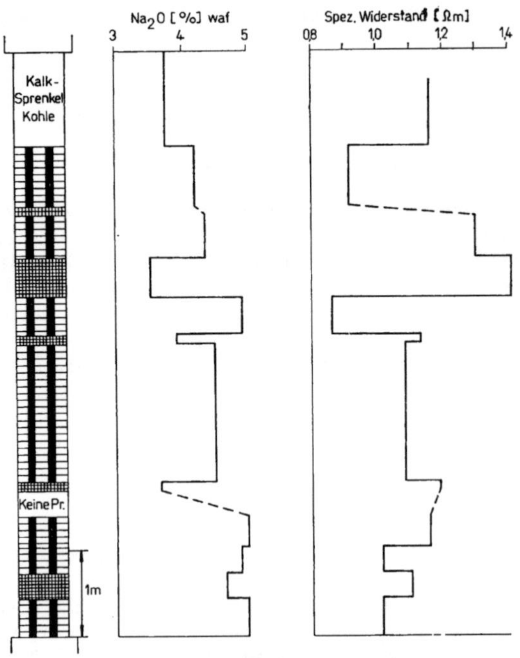

Abb. 1. Flözprofil Tagebau Lochau
Gegenüberstellung Na_2O-Gehalt
(wasserfrei, aschefrei) und spezifischer elektrischer Widerstand

a) zylindrische Proben:

$$\left(\frac{\Delta U}{U} = \frac{\Delta I}{I} = 0{,}03 \quad \frac{\Delta c}{c} = \frac{\Delta a}{a} = 0{,}01\right) \quad \frac{\Delta \varrho}{\varrho} = 0{,}05$$

d. h. einen relativen Fehler von $\pm 5\%$.

b) Unregelmäßige Proben nach FRITZSCH:

$$\left(\frac{\Delta U}{U} = \frac{\Delta I}{I} = 0{,}03 \quad \frac{\Delta a}{a} = 0{,}01\right) \quad \frac{\Delta \varrho}{\varrho} = 0{,}08$$

d. h. einen relativen Fehler von $\pm 8\%$.

c) Große Proben mit WENNER-Anordnung

$$\left(a = 15 \text{ mm} \quad \Delta a = 1 \text{ mm}, \quad \frac{\Delta U}{U} = \frac{\Delta I}{I} = 0{,}03\right)$$

$$\frac{\Delta \varrho}{\varrho} = 0{,}10$$

d. h. einen relativen Fehler von $\pm 10\%$.

4. Auswahl und Bearbeitung des Untersuchungsmaterials

Im Tagebau Böhlen wurden aus dem Unterflöz Lithotypenproben entnommen. An faustgroßen Brocken unregelmäßiger Gestalt wurde der spezifische elektrische Widerstand gemessen und die Rohdichte grubenfeucht bestimmt. Die Stückproben wurden anschließend zerkleinert und Wassergehalt, Aschegehalt, Bitumengehalt und die Reindichte bestimmt. Aus Rohdichte und Reindichte ist die Porosität berechnet worden.

Am frischen Kohlenschnitt des Flözes II im Tagebau Schleenhain wurden mit einer Motorforstsäge quaderförmige Kohlenproben der Lithotypen gelbe Kohle und braune Kohle ausgesägt und anschließend eingewachst. An diesen Kohlenbrocken der durchschnittlichen Größe 300 × 200 × 200 mm wurde mit einer WENNER-Anordnung mit $a = 15$ mm der spezifische elektrische Widerstand gemessen und der dazugehörige Wassergehalt der grubenfeuchten Kohle bestimmt. Aus den so untersuchten Kohlenstücken (ca. 45) wurden zwei bis sechs zylindrische Proben (Durchmesser = 50 mm, Länge 50 bis 80 mm) ausgebohrt und an diesen der spezifische elektrische Widerstand bei Sättigungswassergehalt, der Sättigungswassergehalt und die Rohdichte bei Sättigungswassergehalt erhalten und der Mittelwert berechnet. Aus dem Bohrklein wurde eine Mischprobe gewonnen. Von dieser Mischprobe wurde die Reindichte bestimmt und die Remission gemessen.

Zur Untersuchung der Möglichkeiten einer geophysikalischen Charakterisierung der ostelbischen Lithotypen wurden entsprechend den Untersuchungen im Tagebau Schleenhain im Tagebau Spreetal Proben entnommen. Es wurden folgende Proben untersucht:

ungeschichtete Kohle, schwachgeschichtete Kohle, geschichtete Kohle und ungeschichtete Kohle, xylitisch.

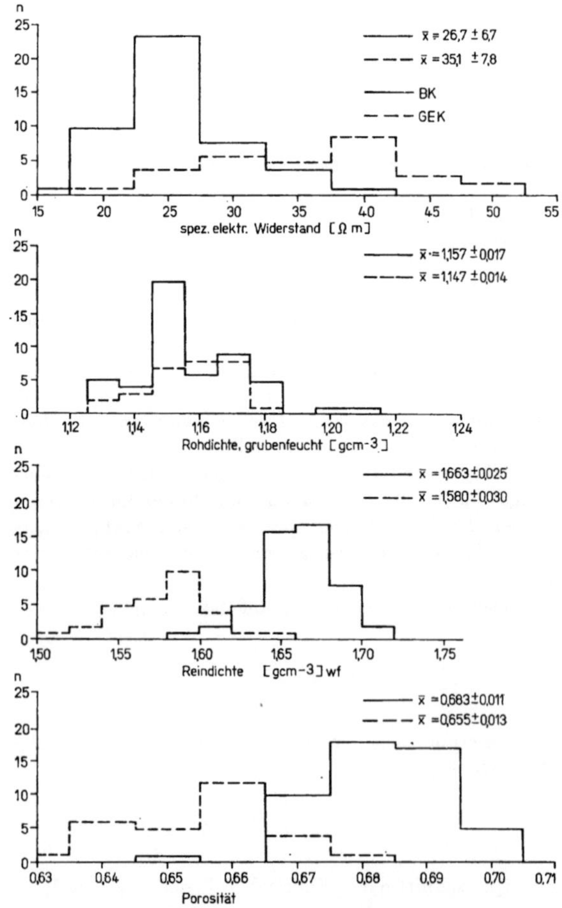

Abb. 2. Ergebnisse der Schlitzprobenuntersuchungen im Tagebau Schleenhain (Flöz II)

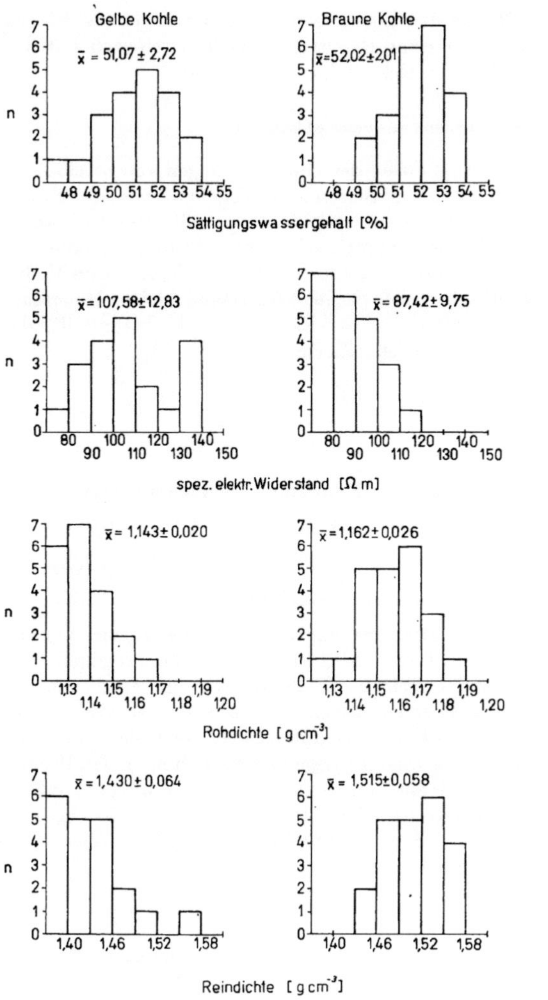

Abb. 3. Ergebnisse der Schlitzprobenuntersuchungen im Tagebau Böhlen (Unterflöz)

Am Bohrklein wurden hierbei Reindichte und von den Varietäten ungeschichtete Kohle und ungeschichtete Kohle, xylitisch, der Xylitgehalt bestimmt. Zusätzlich wurden an grubenfeuchten Kohlenquadern der Widerstand der Schichtung und normal zur Schichtung gemessen und der Anisotropiekoeffizient berechnet.

Im Tagebau Lochau wurden ein Flözprofil nach Lithotypen bemustert und von den kartierten Lithotypen ca. vier bis sechs Einzelproben untersucht. Es wurde der spezifische elektrische Widerstand an faustgroßen Stükken unregelmäßiger Gestalt bestimmt. Die Proben wurden anschließend zerkleinert und auf Wassergehalt, Aschegehalt und Na_2O-Gehalt untersucht. Für die Lithotypen wurden aus den Einzelproben Mittelwerte berechnet.

5. Diskussion der Ergebnisse der Untersuchungen

Abhängigkeit des spezifischen elektrischen Widerstands vom Na_2O-Gehalt der Kohlen

Die Lithotypen gelbe und braune Kohle im Feld Lochau lassen sich mit Hilfe des spezifischen elektrischen Widerstands nicht signifikant unterscheiden. Wie Abb. 1 zeigt, ergibt sich aber eine eindeutige Korrelation zwischen dem Na_2O-Gehalt und dem spezifischen elektrischen Widerstand. Mit steigendem Na_2O-Gehalt nimmt der spezifische elektrische Widerstand ab.

Kennzeichnung westelbischer Lithotypen

Von GLÄSER (1966) wurden Lithotypenmischproben der westelbischen Lagerstätten Wulfersdorf, Schleenhain, Pirkau und Holzweißig petrologisch, chemisch und technologisch untersucht. Die Ergebnisse zeigen mit steigender Teerausbeute, abhängig vom Lithotyp, eine Abnahme des Innenkapillarvolumens, des Sättigungswassergehalts und der Reindichte.

Diese Aussage erlaubt anzunehmen, daß mit steigender Teerausbeute der spezifische elektrische Widerstand auf Grund der Abnahme des Innenkapillarvolumens und des Sättigungswassergehalts ansteigt.

Die Untersuchungsergebnisse der Lithotypenproben Tagebau Böhlen, Unterflöz und Tagebau Schleenhain, Flöz II, sind in Abb. 2 und 3 in Form von Histogrammen dargestellt. Die Abbildungen zeigen, daß die gelben Kohlen auf Grund ihrer geringen Porosität gegenüber den braunen Kohlen einen niedrigeren Wassergehalt besitzen und damit einen höheren spezifischen elektrischen Widerstand. Diese Eigenschaft gestattet mittels Messung des spezifischen elektrischen Widerstands, die gelben Kohlen von den braunen Kohlen zu unterscheiden. Die arithmetischen Mittel der Bestimmungen für die Lithotypen gelbe und braune Kohle der Braunkohlenfelder Schleenhain, Flöz II, und Böhlen, Unterflöz, sind in der Tabelle zusammengestellt.

Es ist ersichtlich, daß sich die arithmetischen Mittel der physikalischen Eigenschaften der Lithotypen eines

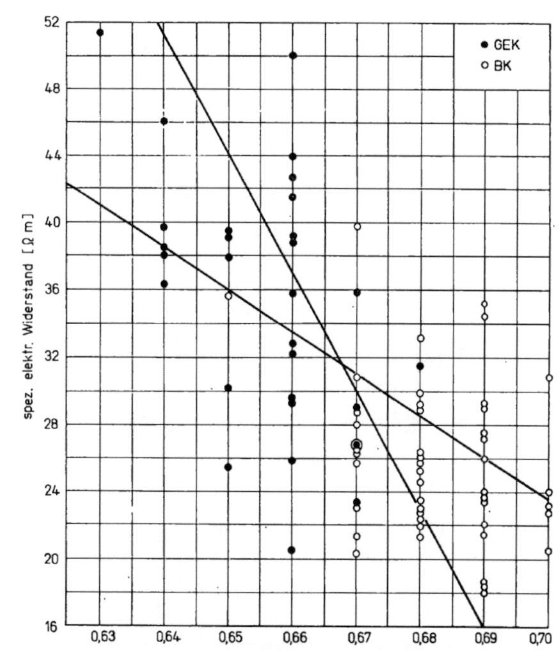

Abb. 4. Schlitzprobenuntersuchungen Tagebau Böhlen (Unterflöz)
Spezifischer elektrischer Widerstand als Funktion der Porosität

begrenzten Braunkohlenfelds und Flözes wesentlich voneinander unterscheiden. Gleichzeitig ist zu erkennen, daß mit steigender Porosität (0,613; 0,632; 0,655; 0,683) der spezifische elektrische Widerstand abnimmt (107,6; 87,4; 35,1; 26,7 Ωm).

Tab. Physikalische Eigenschaften der Lithotypen gelbe und braune Kohle der Braunkohlenfelder Schleenhain, Flöz II, und Böhlen, Unterflöz

Physikalische Eigenschaften	Böhlen		Schleenhain	
	Gelbe Kohle	Braune Kohle	Gelbe Kohle	Braune Kohle
spezifischer elektrischer Widerstand [Ωm]	35,1	26,7	107,6	87,4
Porosität	0,655	0,683	0,617	0,632
Reindichte [gcm^{-3}]	1,580	1,663	1,430	1,515
Rohdichte [gcm^{-3}]	1,147	1,157	1,143	1,162

Für das Unterflöz des Tagebaus Böhlen wurde eine mäßige Korrelation zwischen dem spezifischen elektrischen Widerstand und dem Wassergehalt sowie der Porosität gefunden. Für den Zusammenhang zwischen Porosität und spezifischem elektrischem Widerstand wurde für die Porositäten von 0,63 bis 0,71 die Regressionsfunktion

$$N = 80 \qquad p = 0{,}7124 - 0{,}0014\,\varrho_t$$

$$r = -0{,}5434$$

mit der Streuung $\pm 0{,}06$ gefunden (Abb. 4).

Die an den Lithotypenproben des Tagebaus Schleenhain gemessene Remission korreliert schwach mit dem spezifischen elektrischen Widerstand.

Kennzeichnung ostelbischer Lithotypen

Die Ergebnisse der Untersuchungen von ostelbischen Lithotypen am Beispiel des Tagebaus Spreetal sind in Abb. 5 in Histogrammen dargestellt. Die Lithotypen geschichtete Kohle, schwachgeschichtete Kohle und ungeschichtete Kohle besitzen nahezu einheitlichen spezifischen elektrischen Widerstand, gleiche Rohdichte, Reindichte und Porosität. Es wurde festgestellt, daß der Anisotropiekoeffizient

$$\lambda = \sqrt{\frac{\varrho_\perp}{\varrho_\parallel}}$$

mit zunehmender Schichtung schwach ansteigt:

geschichtete Kohle	$1{,}117 \pm 0{,}224$,
schwachgeschichtete Kohle	$1{,}114 \pm 0{,}293$,
ungeschichtete Kohle	$1{,}079 \pm 0{,}187$.

Davon abweichende Ergebnisse liefert die Varietät ungeschichtete Kohle, xylitisch. Sie besitzt einen stark streuenden Anisotropiekoeffizienten und einen höheren, stark streuenden, spezifischen elektrischen Widerstand. Die Ursache sind der unterschiedliche Gehalt an Xylit, seine unregelmäßige Lage und Verteilung in den Proben.

Die Untersuchung von 25 Wertepaaren ergab, daß der Xylitgehalt der Varietät ungeschichtete Kohle, xylitisch, mit dem spezifischen elektrischen Widerstand gut korreliert (Abb. 6).

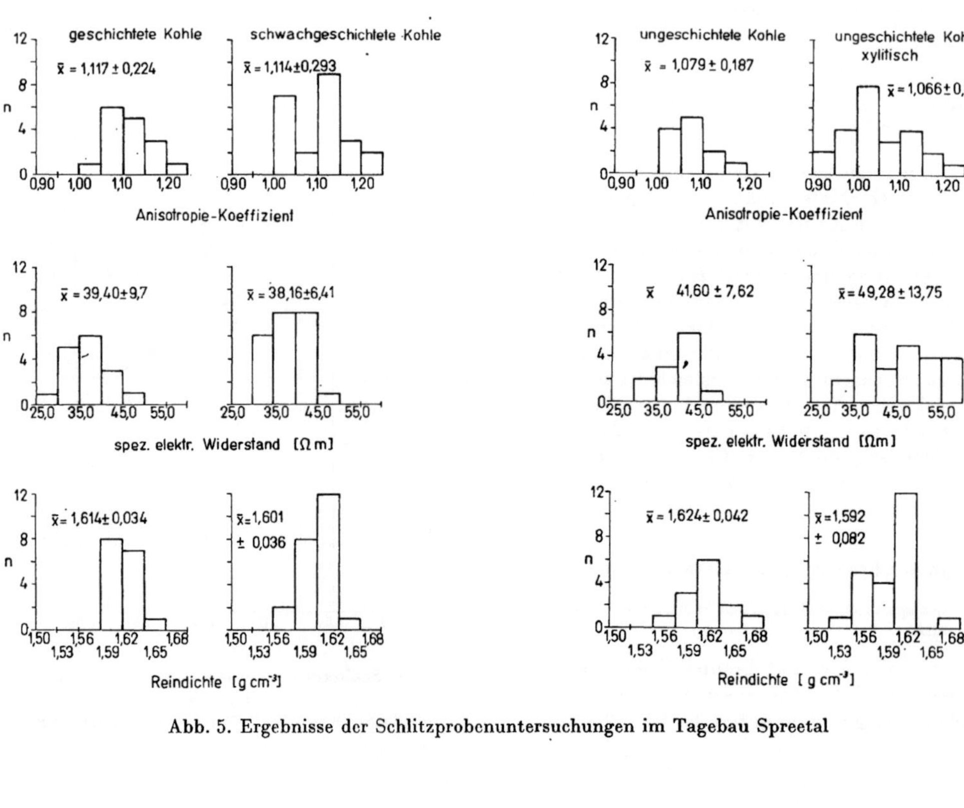

Abb. 5. Ergebnisse der Schlitzprobenuntersuchungen im Tagebau Spreetal

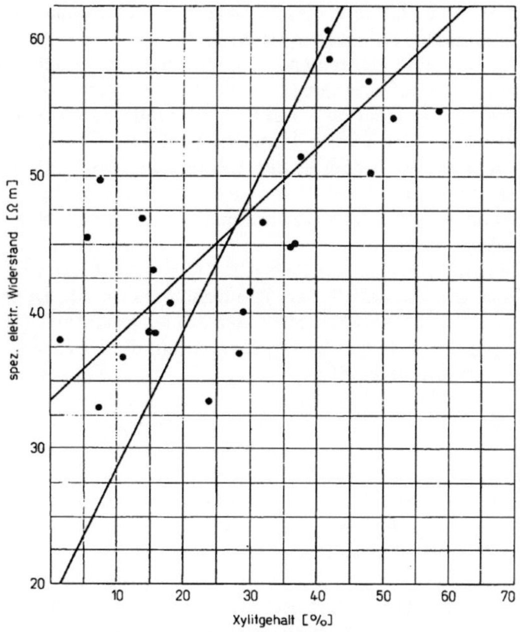

Abb. 6. Schlitzprobenuntersuchungen im Tagebau Spreetal

Spezifischer elektrischer Widerstand als Funktion des Xylitgehalts

Die lineare Regressionsfunktion lautet:

$$N = 25 \qquad X = -18{,}82 + 1{,}0084\,\varrho_t$$

$$r = 0{,}6746 \qquad \sigma_R = \pm 16{,}7$$

Legt man für die Unterscheidung von Xylitgehaltsklassen die zweifache Reststreuung zugrunde, so können folgende Xylitgehaltsbereiche unterschieden werden:

xylitarme Kohlen	0 — 30%	Xylit,
xylitreiche Kohlen	30 — 60%	Xylit,
Xylit	60 — 100%	Xylit.

Zusammenfassung

Für die qualitative Kennzeichnung der Braunkohle hinsichtlich ihrer Verarbeitungseigenschaften mit Hilfe von geophysikalischen Bohrlochmessungen wurde durch Vierpunktmessungen an Proben mit unregelmäßiger Gestalt kleiner Abmessungen mittels Vergleichselektrolyt, durch Vierpunktmessungen an Proben mit regelmäßiger Gestalt und durch Vierpunktmessungen an Proben unregelmäßiger Gestalt großer Abmessung der spezifische elektrische Widerstand bestimmt und mit den Verarbeitungseigenschaften: Lithotyp, Xylitgehalt, Remission, Porosität korreliert. Die erzielten Ergebnisse werden diskutiert.

Резюме

С целью качественной характеристики бурого угля с точки зрения его свойств при переработке с помощью геофизического каротажа скважин было определено удельное электрическое сопротивление, а именно следующими методами: четырехточечными измерениями на образцах малых размеров при помощи эталонного электролита, четырехточечными измерениями на образцах с равномерной фигуройи с четырехточечными измерениями на пробах с неправильной фигурой крупных размеров. Данные электрического сопротивления коррелируются со следующими свойствами переработки: с литотипом, содержанием ксилита, ремиссией, пористостью. Полученные результаты обсуждаются.

Summary

Measurements of the specific electrical resistivity are made in samples of lignite from some coal-fields of the German Democratic Republic by electric four-electrode methods with the aim of distinguishing them by geophysical bore-hole measurements according to their technological parameters. Samples of irregular shape with small dimensions were investigated by comparison with the known resistivity of an electrolyte; samples of regular shape and samples of large dimensions were also investigated. The specific electrical resistivity was correlated with the following parameters of technological interest: lithotype, content of xylite, coefficient of remission, and porosity. Finally the results were discussed.

Literatur

ARCHIE, C. E.: The electrical resistivity log as an aid in determining some reservoir characteristics. — Petr. Trans. Repr. Ser., No. 1, 50—54 (1958).

FRANK, H., & V. SNEJDAR: Halbleiterbauelemente, Bd. 1. — Physik und Technik der Halbleiterwerkstoffe, Berlin 1964.

FRITSCH, V.: Elektrische Messungen an räumlich ausgedehnten Leitern. — Karlsruhe 1960.

GLÄSER, L.: Komplexe Auswertung petrologischer, chemischer und technologischer Braunkohlenuntersuchungen. — Abschlußber. F/E-Arbeit, DBI Freiberg, 029002/6—497/6, Freiberg 1966.

KOMAROW, S. G.: Die Bestimmung der Porosität der Gesteine durch den spezifischen elektrischen Widerstand. — Prikl. geof., 14, 129—155 (1956).

MICHAEL, J., & J. BERGER: Studien der Gesteinsleitfähigkeit besonders der Kohle und die Bestimmung von Spülungswiderständen. — 530102b F 8—1, VEB Geophysik, Leipzig 1959.

Über eine Methode der Auswertung von Zahlengesamtheiten zur Untersuchung des Profilbaus von Sedimentgesteinen

I. G. CHANOWITSCH, G. G. JANOWSKIJ, A. I. AJNEMER & N. A. KONISSKAJA, UdSSR

Bei der Untersuchung der Gesetzmäßigkeiten des Baues von Sedimentgesteinskomplexen bestand bis zum heutigen Tag die Hauptrichtung in der Bestimmung der Rhythmizität und der Zyklizität der Ablagerungen. Dabei wurden die Rhythmen und Zyklen gewöhnlich visuell ausgegliedert, ohne einen mathematischen Apparat anzuwenden, der die oft stark verdeckte Ordnung in der Schichtung kompliziert gebauter Schichten aufzudecken erlaubt hätte. Es ist offensichtlich, daß man leicht zu falschen Aussagen über den Bau von Profilen kommen kann, wenn man sich nur auf ihr äußeres Bild stützt. Zur quantitativen Beschreibung der hauptsächlichen Gesetzmäßigkeiten des Baues von Profilen muß eine

Aus: „Matematitscheskije metody w geologii", Bd. 1, S. 123—132, Leningrad 1968.

Übers.: Dipl.-Math. H. BÖTTCHER, ZGI, Berlin.

mathematische Methode ausgewählt werden, die am besten der physikalischen Natur der untersuchten Folge entspricht, und zwar die „relative Zeitreihe" (MILLER & KAHN 1965). Das Profil von Sedimentationsbildungen ist dem Wesen nach eine solche Reihe. Dabei besteht die Hauptaufgabe in der Feststellung des Trends, der Zyklizität und der zufälligen Komponente im Bau des Profils. Aus diesem Grunde muß der ausgewählte Untersuchungsapparat alle Komponenten der Profilstruktur hinreichend vollständig widerspiegeln.

Bei der Untersuchung von Zahlengesamtheiten, die als Folge von Beobachtungsresultaten (diese stellen die Profile der Sedimentationsschichten dar) vorliegen, wird die Untersuchungsmethode gewöhnlich auf der Grundlage bestimmter a priori vorhandener Informationen über den Charakter der untersuchten Folge ausgewählt. Falls von vornherein bekannt ist, daß die untersuchte Gesamtheit als Linearkombination einer endlichen Anzahl von Elementarfunktionen mit determinierten Parametern (z. B. eine Summe von Sinusfunktionen mit unbekannten, jedoch nicht modulierten Amplituden, Frequenzen und Phasen, eine Summe von Exponentialfunktionen usw.) darstellbar ist, ist es durch Anwendung von Methoden zur Ausgliederung verdeckter Gesetzmäßigkeiten (CHANOWITSCH & JANOWSKIJ 1965) möglich, die Aufgabe der Bestimmung der konstruktiven Struktur der untersuchten Abhängigkeit und der Bestimmung aller unbekannten Parameterwerte bis zum Ende zu lösen.

Bei der Untersuchung geologischer Profile sind in der Regel solche Informationen a priori nicht vorhanden. Daraus erwächst die Notwendigkeit, Eigenschaften von solchen Zahlenreihen zu beschreiben, bei denen die A-priori-Informationen zur Auswahl einer Analysenmethode nicht ausreichen. Wie soll eine solche Reihe charakterisiert werden, wie sollen mehrere ähnliche Reihen untereinander verglichen werden?

Im allgemeinen können leicht drei Charakteristika der Zahlengesamtheit gefunden werden: das Veränderungsintervall M der unabhängigen Variablen x, $a_{\max}$, die größte, und $a_{\min}$, die kleinste Zahl der Reihe. Die Differenz $a_{\max} - a_{\min}$ stellt die Variationsbreite der Veränderung der betrachteten Funktion auf dem untersuchten Intervall M dar, während der Quotient $(a_{\max} - a_{\min}):M$ eine Aussage über die mittlere Veränderungsgeschwindigkeit dieser Funktion im aufgezeigten Abschnitt zuläßt.

Für eine tiefergehende Untersuchung der Gesamtheit erscheint es natürlich, dieses einfache Verfahren auf einzelne Abschnitte der gegebenen Zahlenmenge zu übertragen. Dabei wird das Verfahren noch dadurch ergänzt, daß die Werte der unabhängigen Variablen fixiert werden, in denen die Funktion Extremwerte annimmt. Wenn die Abschnitte nicht willkürlich, sondern durch Zerlegung des untersuchten Intervalls M in gleiche, aufeinanderfolgende Abschnitte der Veränderung der unabhängigen Variablen ausgewählt werden und wenn eine solche Analyse bei verschiedenen Längen der Teilintervalle durchgeführt wird, kann die Aufgabe der Aufdeckung der Zyklizität oder Rhythmizität der untersuchten Folge gestellt werden.

Zur Präzisierung der bestehenden Vorstellungen sei folgende Definition gegeben: Ein Prozeß besitzt die Eigenschaft der Wiederholbarkeit, wenn irgendeine seiner Besonderheiten (z. B. Lage des Maximums oder Minimums, Größe der Extremwerte usw.) nach praktisch ein und denselben Veränderungsintervallen der unabhängigen Variablen (Zeit, Mächtigkeit usw.) wiederkehrt. Diese Intervalle werden Intervalle der Wiederholbarkeit oder kürzer Perioden genannt. Dabei wird in dem Maße, in dem es zur Erläuterung des relativen Charakters der gegebenen Vorstellung notwendig ist, angeführt, um welche Besonderheit des Prozesses es sich handelt.

Es ist klar, daß die Periodizität im mathematischen Sinne ein Spezialfall der Wiederholbarkeit ist. Dabei besitzen alle Charakteristika der Zahlengesamtheit (bis zu ihren einzelnen diskreten Elementen) die Eigenschaft der Wiederholbarkeit.

Die in der geologischen Literatur vorhandenen Vorstellungen über die Zyklizität und Rhythmizität von Prozessen werden gewöhnlich im Sinne der obenangeführten Definition der Wiederholbarkeit verstanden. Sie unterscheiden sich voneinander nur durch den Maßstab der relativen Periode. (Bei relativ kleinen Intervallen der Wiederholbarkeit wird von Rhythmizität gesprochen, bei großen von der Zyklizität des Prozesses; dabei wird nicht selten die Besonderheit nicht erwähnt, auf welche sich die entsprechende Charakteristik bezieht.)

Die Kompliziertheit geologischer Prozesse zwingt (jedenfalls in den ersten Untersuchungsetappen) dazu, sich auf angenäherte Analyseverfahren zu beschränken. Diese bestehen in der Mittelung der Beobachtungsresultate über einzelne, gleich lange Intervalle. Dieses Vorgehen wird oftmals von der Natur der untersuchten Erscheinungen selbst bestätigt, bei denen neben unbekannten, jedoch determinierten Prozessen auch zufällige Prozesse ablaufen. Zur Präzisierung der Resultate dieser Analyse wird vorgeschlagen, die Häufigkeiten von Merkmalen, die in den „gemittelten" Reihen festgestellt wurden, nach den Beobachtungen der entsprechenden Charakteristika in den einzelnen Teilintervallen der untersuchten Reihe festzustellen.

Somit gelangt man zu einem Analyseverfahren, das im Hauptteil seines Untersuchungsalgorithmus mit der unten beschriebenen Gesamtheit von Operationen zusammenfällt, die bei der Ausgliederung verdeckter Periodizitäten in einer von BJUI-BALLO vorgeschlagenen Methode (CHANOWITSCH & JANOWSKIJ 1965) ausgeführt werden. Dieses Verfahren soll „einfache Methode der Auswertung von Zahlengesamtheiten" genannt werden.

Diese beiden Methoden unterscheiden sich jedoch wesentlich voneinander. Im ersten Falle (BJUI-BALLO) wird angenommen, daß die untersuchte Gesamtheit durch eine Linearkombination harmonischer Komponenten erzeugt wird, während im zweiten Falle eine solche Annahme a priori nicht gemacht wird. Durch diesen Umstand wird unter anderem das durchaus wahrscheinliche relativ schwache Hervortreten der extremen Besonderheiten bei den sogenannten Periodogrammen erklärt. Dadurch sinkt jedoch die Effektivität ihrer Anwendung nicht, da eine Überprüfung der angenommenen Besonderheiten über alle Teilintervalle nachfolgt.

Die Methode der Auswertung von Zahlengesamtheiten wird am Beispiel von Profilen der Kontinentalablagerungen der Sadywarsker Schichtenfolge (westliche Kysyl-Kum) erklärt. Obwohl die Ausgangsmaterialien beschränkt sind, können Aussagen über das Allgemeine und das Unterschiedliche von Zahlenreihen und über die Besonderheiten ihrer Struktur getroffen werden.

Die Zahlengesamtheit, durch die die geologischen Objekte charakterisiert werden, bestand aus einer Reihe von Zahlen. Jede dieser Zahlen bestimmte dieses oder jenes Gestein in Übereinstimmung mit einem vorgegebenen Code, der in einer aufsteigenden Reihenfolge, entsprechend der Dynamik des Sedimentationsprozesses (WISTELIUS 1961), zusammengestellt wurde.

Die Zahlenreihen wurden für vier Profile der betreffenden Ablagerungen (Abb. 1) mit einem Schritt von 0,1 m konstruiert. Das entspricht etwa der Mächtigkeit der kleinsten Schicht. Beim Übergang über die Schichtgrenzen wurde der Rest der Mächtigkeit der vorhergehenden Schicht zur Mächtigkeit der nachfolgenden Schicht addiert, der gesamten summaren Mächtigkeit wurde der Codewert des Gesteins zugeschrieben, das die nachfolgende Schicht bildet. Es ist offensichtlich, daß solch ein Rest kleiner als der Schritt der Codierung, d. h. $< 0{,}1$ m, war.

Nachfolgend wird, wie auch in den Methoden von BJUI-BALLO und SCHUSTER (CHANOWITSCH & JANOWSKIJ 1965), der vorliegende Satz von Zahlen der untersuchten Gesamtheit

$$a_1, a_2, \ldots, a_k, \ldots, a_n \qquad (1)$$

über eine Tabelle aus m Spalten und p vollständigen Zeilen verteilt (m änderte sich von 1 bis n).[1]) Dann

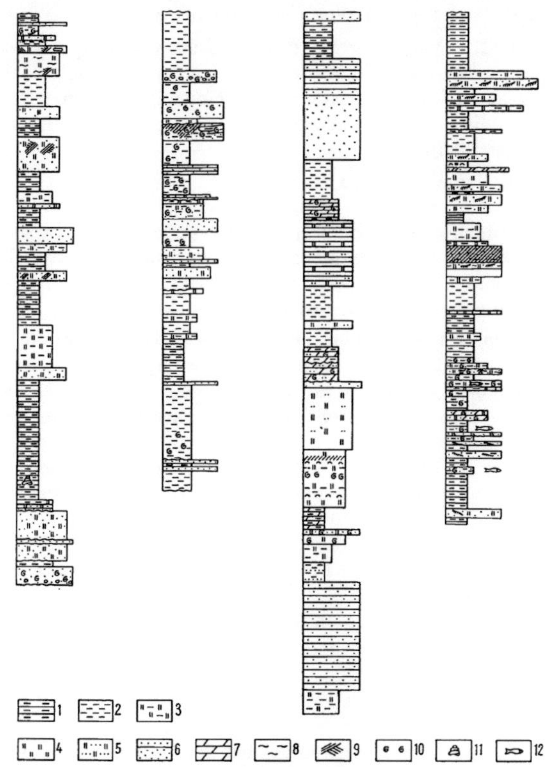

Abb. 1. Profile der Sadywarsker Schichtenfolge (Oberes Pliozän), westliche Kysyl-Kum

1 — Tone; 2 — aleurolithische Tone; 3 — Aleurite und Aleurolithe; 4 — tonige Aleurite; 5 — sandige Aleurite; 6 — Sande und Sandsteine; 7 — Mergel; 8 — Rippelmarken; 9 — Schrägschichtung; 10 — Ostrakoden; 11 — Gastropoden; 12 — Fischreste

wurden die Werte der erhaltenen Tabelle über die Spalten summiert. Für die Summenreihe (Reihe der Summen) wurde die Größe

$$\Delta S_m = \frac{1}{2p}\,(S^m_{\max} - S^m_{\min}) \qquad (2)$$

berechnet, wobei $S^m_{\max}$ und $S^m_{\min}$ den größten bzw. kleinsten Wert der erhaltenen Summenreihe aus m Elementen bedeuten.

Weiter wurde für alle m die Graphik der Abhängigkeit des Halbschrittes ΔS_m von der Anzahl der Tabellenspalten (m) konstruiert. Diese Graphik soll (nach der Terminologie von SCHUSTER) Periodogramm heißen. Wie die Berechnungen für vier Profile zeigten, stellt die Graphik ΔS_m eine ansteigende oszillierende Kurve dar. Es ist leicht einzusehen, daß ihre Werte im Intervall zwischen Null und der Größe

$$\Delta S_n = \frac{1}{2}\,(a_{\max} - a_{\min}) \qquad (3)$$

eingeschlossen sind, wobei $a_{\max}$ bzw. $a_{\min}$ die größte bzw. kleinste Zahl der Reihe (1) sind. Zum Beweis seien die beiden Grenzfälle betrachtet:

a) $m = 1$

Offensichtlich besteht die Summenreihe aus nur einem Glied:

$$S = \frac{1}{n}\sum_{k=1}^{n} a_k \qquad (4)$$

folglich gilt: $\qquad S_1 = 0 \qquad (5)$

b) $m = n$

Die Summenreihe fällt mit der Ausgangsreihe (1) zusammen, und ΔS_n wird durch die Beziehung (3) bestimmt. Außerdem ist offensichtlich, daß

$$a_{\max} \geqq \left(\frac{1}{p}\,S^m_{\max} = \frac{1}{p}\sum_{j=0}^{p-1} a_{k+j}\right) \qquad (6\,\text{a})$$

und

$$-\,a_{\min} \geqq \left(-\,\frac{1}{p}\,S^m_{\min} = -\,\frac{1}{p}\sum_{j=0}^{p-1} a_{k+j}\right) \qquad (6\,\text{b})$$

gilt, wobei der Index k die Nummer des Elements der Ausgangsreihe (1) ist, das als erstes in der Spalte der Tabelle steht, deren Elementsumme maximal ($= S^m_{\max}$) bzw. minimal ($= S^m_{\min}$) ist. Daraus folgt für ein beliebiges m

$$\Delta S_n = \frac{1}{2}\,[a_{\max} - a_{\min}] \geqq \frac{1}{2p}\,[S^m_{\max} - S^m_{\min}] = \Delta S_m \qquad (7)$$

Im weiteren wurde die Analyse der erhaltenen Abhängigkeit folgendermaßen durchgeführt. An Hand der Graphik $\Delta S_m = f(m)$ wurden die Extremwerte ausgewählt, und für die ihnen entsprechenden Größen

[1]) p wurde so ausgewählt, daß die Bedingung $mp \leqq n$ gerade noch erfüllt war.

m wurden in den Summenreihen der entsprechenden Tabellen die Stellen des Maximums und des Minimums bestimmt. Nachdem die Ordnungsnummern von S^m_{max} und S^m_{min} in der Summenreihe jeder Tabelle bekannt waren, wurden die Häufigkeiten des Auftretens des größten und kleinsten Wertes in jeder Zeile der untersuchten Tabelle an den aufgezeigten Stellen bestimmt. Dabei wurden zwei Werte als verschieden betrachtet, wenn ihre Differenz größer als die Hälfte des Zuwachses des benutzten Codes war.

Nachdem solche Konstruktionen und Berechnungen für die untersuchten Zahlenreihen durchgeführt wurden, können die Reihen gegenübergestellt werden. Dabei werden als verallgemeinerte Vergleichscharakteristika die Kurven $S_m = f(m)$ und die sie charakterisierenden Parameter ausgewählt: die Größen der Häufigkeiten von Maximum und Minimum bei gleichen oder relativ naheliegenden m, Graphiken, die die Abhängigkeit zwischen den Ordnungsnummern der Extrema in der Summenreihe und der Größe m darstellen usw.

Die Ausgangsdaten der vier Profile waren nach der SPENSERschen Formel geglättet worden. Ein Profil (25 T) wurde auch durch eine „ungeglättete" Kurve dargestellt. Die Berechnungen (Summierung der Tabellen bei verschiedenen m bis zum Wert $m = \frac{n}{2}$ oder $\frac{n-1}{2}$, die Bestimmung der Maximum- und Minimumwerte und ihrer Lage in der Summenreihe, Bestimmung der Größe ΔS_m) wurden auf der elektronischen Rechenmaschine „Minsk-1" durchgeführt.

In Abb. 2 sind die Periodogramme gezeigt, die auf der Grundlage geglätteter Daten für vier Profile erhalten wurden. Der Vergleich von Periodogrammen für geglättete und ungeglättete Kurven ist an einem Profil auf Abb. 3 zu sehen. Hier soll einiges über die Zweckmäßigkeit der Glättung gesagt werden. Der Vergleich der Kurven in Abb. 3 zeigt folgendes: Obwohl die Operation der Glättung zu einer „Befreiung" von der zufälligen Komponente führt, wobei der allgemeine Charakter der Abhängigkeit erhalten bleibt, führt sie zum Verlust partieller, jedoch wesentlicher Besonderheiten der zu untersuchenden Kurve (siehe z. B. Wert ΔS_{67}), d. h. charakteristischer, durch die Natur determinierter Besonderheiten.

Durch die Analyse der Periodogramme, insbesondere der ungeglätteten Kurve, ist eine Reihe von charakteristischen Eigenschaften der untersuchten Folge leicht festzustellen.

1. Einer konstanten Ordinate des Periodogramms in einem Intervall (m_i, m_k) entspricht die Eigenschaft der Zahlenfolge, daß die untersuchte Größe ihren Veränderungsbereich unabhängig von der Größe m in den angegebenen Grenzen beibehält.

Diese Eigenschaft kann in folgenden Fällen auftreten:

a) Die Differenz zwischen dem größten und kleinsten Wert in den Summenreihen ist gleich Null. Geologisch gesehen entspricht dem eine Situation, bei der, unabhängig von der Größe m mit $m_i \leq m \leq m_k$, auf jedem Abschnitt des angegebenen Intervalls dasselbe Gestein auftritt.

b) In bestimmten Veränderungsgrenzen von m verändern sich die Gesteine auf den entsprechenden linearen

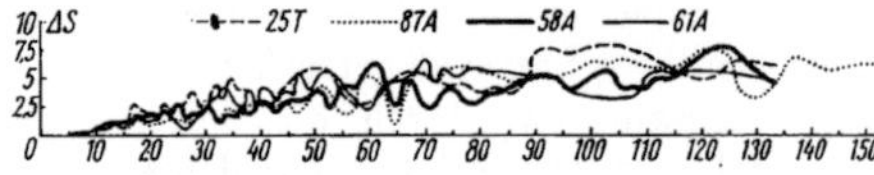

Abb. 2. Periodogramme von Profilen

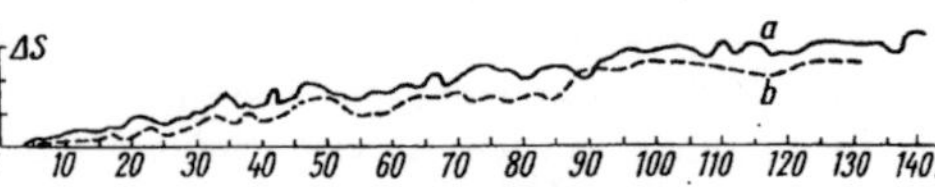

Abb. 3. Periodogramm des Profils 25 T

a — nach den Ausgangsdaten; b — nach geglätteten Daten

Abschnitten, die den minimalen Werten der untersuchten Größe entsprechen. Dann müssen sich auch die Gesteine, die den maximalen Werten derselben Größe entsprechen, auf denselben Längenabschnitten verändern. Die Differenz der Codewerte dieser Gesteine bleibt jedoch unverändert, d. h., daß die Ablagerungen sowohl der feinkörnigen als auch der grobkörnigen Sedimente in den Rhythmen von m_i bis m_k eng miteinander verbunden sind (in den untersuchten Profilen z. B. von $m = 70$ bis $m = 82$), was auf eine bestimmte Stabilität bei der Evolution der faziellen Bedingungen in diesen Profilabschnitten hinweist.

2. Wächst die Ordinate beim Übergang von m_1 zu einem naheliegenden Wert m_2 an, so liegt eine Besonderheit der untersuchten Gesamtheit vor, die sich auf verschiedene Art und Weise bemerkbar machen kann:

a) Die Vergrößerung des Abschnitts von m_1 auf m_2 führt dazu, daß in die entsprechenden Teilfolgen der Gesamtheit große Gesteinswerte eingefügt werden, während die minimalen Werte in den Summenreihen unverändert bleiben.

b) Das Anwachsen der Ordinate erfolgt aus entgegengesetzten Gründen, d. h., die maximalen Werte der Summenreihen bleiben praktisch unverändert, in die Teilfolgen der Gesamtheit werden jedoch wesentlich kleinere Gesteinscodewerte einbezogen. Eine dritte, gemischte Situation ist unschwer vorstellbar.

Geologisch gesehen entsprechen diese Situationen der Teilnahme eines breiten Gesteinsdiapasons, von den grobkörnigen bis hin zu den feinsten, in Periodizitäten mit großer Periode, jedoch nicht in Rhythmen kleinerer Ordnung.

Das zeugt vom Vorhandensein einer bestimmten Tendenz in der Differentiation der Gesteine in großen Sedimentationszyklen.

Wie die Periodogramme zeigen, ist die Gerichtetheit dieser Erscheinung, ihr Trend, für alle betrachteten Profile identisch.

Natürlich macht sich in allen angeführten Fällen eine zusätzliche Analyse der Zahlenreihen durch Konstruktion der Kurven S^m_{min} und S^m_{max} erforderlich, da sich das Periodogramm als unzureichende Charakteristik erweist.

Einige Ergebnisse können bei der Untersuchung der Häufigkeitstabellen (Tab. 1—5) erhalten werden. Als Beispiel sei Tab. 1 für die ungeglättete Kurve des Profils 25 T betrachtet. Bei $m = 67$ ist die Häufigkeit des Erscheinens des Maximalwerts gleich 100%. Das bedeutet folgendes: Beim Durchgehen der Beobachtungs-

Tab. 1. Häufigkeitstabelle des Profils 25 T (*n*)[1])

m	max a			min a		
	Nr. in der Summenreihe	Größe	Häufigkeit, %	Nr. in der Summenreihe	Größe	Häufigkeit, %
7	7	10,37	58	2	8,84	71
14	6	11,53	50	9	8,25	56
16	8	13,08	44	2	7,13	69
20	3	15,99	46	14	6,89	61
25	7	13,44	30	10	6,99	70
33	5	18,55	50	21	4,63	62,5
35	4	16,29	43	20	6,79	57
36	3	17,59	43	34	5,89	86
40	3	18,78	50	14	4,19	67
41	19	15,75	17	36	5,36	50
45	3	21,58	83	25	3,49	100
52	26	15.69	20	1	4,48	80
55	6	18,89	25	13	4,02	75
62	48	18,19	25	2	4,02	75
65	8	22,39	50	50	3,49	100
66	37	19,42	0	28	4,02	75
67	49	21,17	100	49	4,02	66
76	6	17,73	33	33	3,49	100
91	48	25,89	50	1	3,49	100
103	40	22,39	0	1	3,49	100
107	75	23,45	50	1	3,49	100
112	4	22,39	0	1	3,49	100

[1]) *n* – Häufigkeitsanalyse nach ungeglätteten Werten.

Tab. 2. Häufigkeitstabelle des Profils 25 T (*g*)[2])

m	max a			min a		
	Nr. in der Summenreihe	Größe	Häufigkeit, %	Nr. in der Summenreihe	Größe	Häufigkeit, %
15	1	10,30	50	5	9,50	50
16	14	11,18	40	6	8,50	73
21	9	12,48	36	18	8,03	45
25	1	9,98	40	18	9,26	40
32	31	15,09	47	22	6,71	57
35	31	21,54	29	10	7,49	57
36	29	13,02	17	7	5,86	50
40	12	12,43	50	3	7,9	50
48	29	16,44	20	5	4,55	60
54	19	12,22	25	4	6,85	75
64	30	16,19	66	20	5,79	66
75	72	14,44	33	44	6,11	33
78	65	14,88	66	43	5,48	33
80	50	13,87	33	22	5,55	66
90	72	18,15	0	10	3,13	100
96	36	19,59	100	4	2,71	100
114	107	14,49	0	85	2,92	100

[2]) *g* – Häufigkeitsanalyse nach geglätteten Werten.

reihe für das vorliegende Profil mit Strecken von 6,7 m Länge befindet sich bei den Teufen 4,9 m, 11,6 m usw. ein Gestein, dessen Codewert im Vergleich zu den anderen Codewerten auf der Strecke maximal ist. Ähnliche Schlußfolgerungen können für den Punkt $m = 65$ gezogen werden, wo die Häufigkeit des Erscheinens eines Gesteins mit minimalem Codewert ebenfalls gleich 100% ist.

Andererseits kann an Hand der Häufigkeitstabellen eine genaue Ausgliederung der zufälligen Komponente des Profilbaus erfolgen. Sie entspricht einer Häufigkeit gleich oder nahe Null (z. B. $m = 69$ beim Profil 61 A, $m = 83$ beim Profil 58 A usw.). Außerdem können aus den Daten der Tab. 1–5 die Mikro-, Zwischen- und Makrorhythmen günstig bestimmt werden. Für das Profil 25 T sind die Mikrorhythmizität nach den Minima bei $m = 16$, der Zwischenrhythmus nach den Maxima bei $m = 32$ und die Makrorhythmen sowohl nach den Maxima als auch nach den Minima bei $m = 96$ wesentlich. Eine analoge Analyse kann für die übrigen Profile durchgeführt werden.

Die angeführten Tabellen sind nur nach den extremen Werten der Summenreihen zusammengestellt. Offen-

Tab. 3. Häufigkeitstabelle des Profils 58 A

m	max a			min a		
	Nr. in der Summenreihe	Größe	Häufigkeit, %	Nr. in der Summenreihe	Größe	Häufigkeit, %
11	7	10,70	53	1	9,61	75
13	8	11,06	66	2	9,44	87
16	12	11,08	52	2	8,88	73
19	12	11,64	56	1	8,39	68
21	15	11,47	36	1	8,23	57
24	8	12,25	46	20	7,67	61
26	8	11,79	58	2	8,59	67
29	9	12,76	50	1	8,42	60
32	10	11,52	43	18	8,54	55
39	8	12,95	37	1	7,60	62
43	10	12,17	43	1	6,80	71
48	9	13,99	50	20	6,96	83
53	24	12,93	20	1	5,13	100
58	9	15,56	60	1	4,95	100
63	11	15,08	50	44	5,97	75
70	58	14,07	25	1	5,51	75
77	9	13,40	25	1	5,19	75
79	45	14,57	33	1	4,78	100
83	36	15,36	0	1	4,80	100
97	9	16,92	33	1	4,70	67
97	8	18,46	66,9	66	5,40	100
101	101	15,87	33	73	5,33	67
105	22	17,06	0	1	4,40	100
117	9	22,13	50	1	4,23	100
149	34	17,85	0	63	5,21	100
156	27	18,48	0	1	4,56	100

Tab. 4. Häufigkeitstabelle des Profils 61 A

m	max a			min a		
	Nr. in der Summenreihe	Größe	Häufigkeit, %	Nr. in der Summenreihe	Größe	Häufigkeit, %
8	1	10,61	64	8	10,21	55
12	2	11,74	68	8	9,33	55
16	12	13,12	56	4	8,14	69
21	8	12,93	50	21	8,54	58
26	2	14,03	30	19	7,52	50
30	9	14,22	62	17	7,04	50
33	7	15,4	88	32	6,93	50
45	27	15,52	40	16	5,72	60
50	7	16,24	60	48	5,93	60
66	8	18,73	75	48	5,22	100
69	59	17,7	0	41	5,54	67
74	71	18,25	67	17	5,73	67

Tab. 5. Häufigkeitstabelle des Profils 87 A

m	max a			min a		
	Nr. in der Summenreihe	Größe	Häufigkeit, %	Nr. in der Summenreihe	Größe	Häufigkeit, %
16	11	15,36	91	2	12,89	74
28	21	16,59	77	1	11,44	61
32	28	16,56	82	17	12,11	64
37	31	16,24	80	9	11,22	40
39	26	16,33	78	1	11,26	56
42	21	17,4	78	2	12,04	45
48	28	17,96	100	1	10,04	29
57	48	17,31	50	1	8,47	50
66	56	18,37	80	16	8,23	20
95	74	20,06	100	19	5,66	75
114	42	18,89	67	1	2,11	100

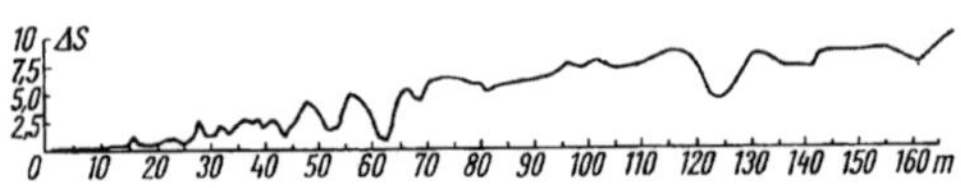

Abb. 4. Periodogramm des Profils 87 A

sichtlich können analoge Berechnungen auch für die Zwischenwerte dieser Reihen durchgeführt werden.

Die erhaltenen Periodogramme können als Analoga zur Spektralcharakteristik betrachtet werden. Die Äquivalenz der Periodogramme und der Spektraldichtekurven wird in der Arbeit von E. HENNAN (1964) bewiesen.

Aus der Analyse der erhaltenen Periodogramme als Kurven, die den Spektraldichten entsprechen, können folgende grundsätzliche Schlußfolgerungen gezogen werden:

1. Die untersuchten vier Zahlengesamtheiten haben eine ähnliche spektrale Struktur; dabei wachsen die Amplituden der Komponenten bei der Verringerung der „Frequenz“ an.

2. Zwischen den „Frequenzen“ der am deutlichsten ausgeprägten Maxima der Periodogramme besteht eine Vielfachbeziehung. So bestätigen z. B. die Punkte $m = 128; 64; 48; 32$ und 16 auf dem Periodogramm des Profils 87 A (Abb. 4) diesen Fakt. Eine analoge Eigenschaft weisen die Punkte mit den Abszissen $m = 112; 56;$ 28 und $m = 190; 95; 63; 47$ auf.

Diese Sachlage kann den engen Zusammenhang zwischen Periodizitäten unterschiedlicher Ordnung bezeugen.

Aus der Untersuchung kann man schlußfolgern, daß die einfache Auswertungsmethode von Zahlengesamtheiten die Möglichkeit bietet, relativ einfach eine Spektralanalyse durchzuführen und zusätzlich eine Reihe allgemeiner und individueller Besonderheiten der untersuchten Profile aufzudecken, in ihnen Periodizitäten unterschiedlicher Ordnung, den Trend und die zufällige Komponente zu bestimmen. Die Periodogrammethode ist einfacher als andere Verfahren der Spektralanalyse.

Literatur

CHANOWITSCH, I. G., & G. G. JANOWSKIJ: Wydelenije skrytych sakonomernostej. Tr. XXI, Wsesojusnoj nautschnoj sessii NTORi im. A. S. POPOWA (1965).
HENNAN, E.: Analis wremennych rjadow. – Leningrad 1964.
MILLER, R. L., & J. S. KAHN: Statistitscheskij analis w geologitscheskich naukach. – Moskau 1965.
WISTELIUS, A. B.: Materialy k litostratigrafii produktiwnoj tolstschi Aserbajdshana. – Moskau 1961.

ABRIKOSOW, I. CH., W. W. SEMENOWITSCH, I. A. BLINNIKOW & L. I. MOREWA, UdSSR

Über einige wesentliche Ergebnisse der jüngsten geologischen Erkundungsarbeiten auf Erdöl und Erdgas in der UdSSR[1])

Referiert von KURT KAUTER, Berlin

Die Betrachtungen über die Entwicklung der Ergebnisse von Erkundungsarbeiten für Erdöl und Erdgas in der UdSSR sind deshalb im Augenblick besonders bedeutungsvoll, weil mit dem ablaufenden Jahr 1970 das Planjahrfünft abschließt. An seinem Ende soll eine Erdölförderung stehen, die 345 bis 355 Mill. t beträgt, und eine Erdgasproduktion, die die Größenordnung von über 200 Mrd. m^3 erreicht hat. Nach Lage der Dinge und bei Beobachtung der Tendenzen besteht kaum Zweifel, daß diese Kennwerte mit dem Ende des Jahres 1970 erreicht sein werden.

[1]) Aus der Originalarbeit der Autoren: „Die Ergebnisse der geologischen Erkundungsarbeiten auf Erdöl und Erdgas in der UdSSR im Jahre 1968 und die Aufgaben für 1969“, erschienen in „Geologija nefti i gasa“, Moskau 1969, Nr. 6, S. 1–8.
Übers.: K.-H. BINTIG, Berlin.

Als Ausgangsbasis für diese Betrachtungen gelten die Produktionszahlen des Jahres 1968 und ihr Vergleich mit dem vorangegangenen Jahr. 1968 wurden an Erdöl in der UdSSR 309,1 Mill. t und an Erdgas 170,8 Mrd. m^3 gefördert. Damit wurde der Plan an Erdöl um 0,35 Mill. t und an Erdgas um 1,2 Mrd. m^3 überboten. Im Vergleich zu 1967 erhöhte sich die Förderung an Erdöl um 21,1 Mill. t und und an Erdgas um 11,6 Mrd. m^3.

Das hohe Entwicklungstempo der Erdöl- und Erdgasindustrie wird durch den Aufschluß neuer Erdöl- und Erdgaslagerstätten und durch das ständige Anwachsen der erkundeten Vorräte an Erdöl und Erdgas gewährleistet. Allein im Jahre 1968 wurden in den verschiedenen Gebieten des Landes 51 Erdöl-, 23 Erdgas-, 5 Erdöl-Erdgas- und 6 Gaskondensatlagerstätten aufgeschlossen. Es ergab sich ein bedeutender Zuwachs an Erdöl-

und Erdgasvorräten. Insgesamt wurde der Jahresplan für den Vorratszuwachs an Erdöl in den Vorratsklassen $A + B + C_1$ mit 120%, in den Klassen $A + B$ mit 104% und bei Erdgas in den Klassen $A + B + C_1$ mit 158% erfüllt. Im Bereich des Ministeriums für Geologie der UdSSR wurde der Plan für den Vorratszuwachs an Erdöl in den Klassen $A + B + C_1$ mit 186%, in den Klassen $A + B$ mit 112% und für Erdgas in den Klassen $A + B + C_1$ mit 179% erfüllt. Die entsprechenden Zahlen für das Ministerium für die Erdölgewinnungsindustrie der UdSSR betragen 63, 100 und 101%.

Diese beachtlichen Erfolge haben ihre Begründung in der Erhöhung der Effektivität der geologischen Erkundungsarbeiten. Sie liefen größtenteils nach zuvor festgelegten Hauptrichtungen ab. Die Bohrleistungen in perspektivischen Gebieten erhöhten sich. Die regionalen Sucharbeiten wurden verstärkt durchgeführt und die rationellsten Methoden für die Vorbereitung der Strukturen bestimmter Gebiete präzisiert. Dazu kam, daß die Technik und die Technologie der Erkundungsbohrungen bedeutend vervollkommnet werden konnten. Das gleiche gilt auch für die Geophysik. Dies alles zusammengenommen wirkte sich in einer Erhöhung des Vorratszuwachses an Erdöl und Erdgas aus.

Die bedeutendsten Ergebnisse wurden in der ASSR der Komi, im Wolga—Ural-Gebiet, im nördlichen Kaukasus, in Westsibirien und in der Turkmenischen SSR erzielt.

Innerhalb der geologischen Verwaltung von Uchta gelang der Nachweis neuer Erdöllagerstätten innerhalb des Usinsk—Kolwiner Walls. Dieses Gebiet rückte an die erste Stelle für den Aufbau einer neuen Basis für die Erdölgewinnungsindustrie.

Im Wolga—Ural-Gebiet konnte die hohe Perspektivität hinsichtlich einer Erdöl-Erdgas-Führung der Gebiete der Voruralsenke und der Randzone der Kaspisenke vollauf bestätigt werden.

Im Zentralteil der Solikamsker Depression, auf der Bjelskojer Lagerstätte, wurde nun auch in Schichten des Tournay in den Vorbergen des Urals und in dem Gebiet des Kohlenbeckens von Kisel das Vorhandensein von Erdöl in sehr guter Qualität nachgewiesen. Danach kann man auch diesen Teil der Vorgebirge des Urals und der Voruralsenke als hochperspektivisch für die weitere Suche nach Gaskondensat- und Erdgaslagerstätten ansehen.

Südlich der bekannten Lagerstätte von Saratow wurde die neue Erdgaslagerstätte von Isimowsk erschlossen. Die Förderung stammt aus Schichten des Mittleren Karbons. Im inneren Teil der dortigen Voruralsenke konnte ebenfalls in diesen Schichten Erdöl als industriell fündig nachgewiesen werden.

In der Udmurtischen ASSR konnte die Verbindung mehrerer bereits bekannter Erdöllagerstätten nachgewiesen werden. Dadurch wurde es möglich, diesen Bezirk als einheitliches Ganzes zu betrachten und für die weitere Erkundung vorzubereiten. Diese Zone stellt derzeit die Hauptreserve für den Aufbau eines neuen Erdölgewinnungsbezirks im Wolga—Ural-Gebiet dar.

Im Gebiet von Orenburg wurde die bereits bekannte Gaskondensatlagerstätte in ihren großen Ausmaßen bestätigt. Die Vorratskommission der UdSSR bestätigte Erdgasvorräte in Höhe von 894 Mrd. m^3 in den Klassen C_1 und C_2. Das Auftreten von Erdöl in den Schichten des Karbons bestätigt die bisher nur geäußerte Annahme, daß hier auch mit dem Vorhandensein von großen Erdöllagerstätten zu rechnen ist.

Im Gebiet von Wolgograd wurden in der Zone der großen tektonischen Vorsprünge des kristallinen Fundaments die Perspektiven der Erdöl-Erdgas-Führung der gesamten Kudinow—Korobkower Hebungszone bestätigt.

Im nördlichen Kaukasus konnte erstmals, neben der Erweiterung der bisherigen Lagerstätten, in einer Zone des Auskeilens jurassischer Ablagerungen Erdgas nachgewiesen werden.

Ebenfalls erstmals gelang im Gebiet von Stawropol der Nachweis einer Erdölführung in permotriassischen Sedimenten innerhalb der Hebungszone an der Kuma.

In der Ukrainischen SSR, im Zentralteil der Dnepr—Donez-Senke, ist es gelungen, in Schichten des Unteren Perms und des Oberkarbons eine Reihe von perspektivischen Horizonten mit einer Gesamtmächtigkeit der Erdgasführung von 220 m nachzuweisen. Trotz dieser Aufschlüsse bleibt allerdings die Situation des Vorratszuwachses in der Ukraine weiterhin angespannt. Die in den Schichten des Karbons und des Perms aufgeschlossenen Lager haben nur geringe Vorräte, und die Perspektiven einer Erdölführung des Devons in diesem Gebiet sind noch nicht restlos geklärt.

In der Belorussischen SSR bestätigten sich die großen Perspektiven auf eine Erdölführung in der nordwestlichen Verlängerung des Walls von Retschiza—Ostaschkowizi. Außerdem wurden Erdölzuflüsse aus präsalinaren Schichten des Devons erhalten.

Im baltischen Raum konnte Erdöl aus Schichten des Mittleren Kambriums gewonnen werden. Im Gebiet von Kaliningrad ergab sich ein eruptiver Zufluß mit 100 t/Tag aus einer Teufe von ca. 2000 m. Die bisherigen Ergebnisse zeigen, daß die Sucharbeiten auf Erdöl- und Erdgaslagerstätten im europäischen Teil der UdSSR noch lange nicht ausgeschöpft und als beendet zu betrachten sind.

Im nordöstlichen Teil des Gebiets von Tjumen wurde die neue große Erdgas-Erdöl-Lagerstätte Russkoje aufgeschlossen.

Auf der bekannten Lagerstätte von Urengoj konnte die industrielle Gasführung der Schichten des Valendis der Unterkreide nachgewiesen werden. Die Bohrung Nr. 1 wurde im Teufenbereich von 3015 bis 3030 m mit 800000 m^3/d mit einem Kondensatanteil von 235 cm^3/m^3 Gas erdgasfündig. Insgesamt wurden auf dieser Lagerstätte im Teufenbereich von 2200 bis 3030 m elf produktive Horizonte nachgewiesen. Der Erhalt von Gaszuflüssen mit Kondensat aus der Unterkreide erweitert bedeutend die Perspektiven der Lagerstätte von Urengoj. Für die Schichten des Cenomans wurden die Gasvorräte aller Klassen mit 2600 Mrd. m^3 bestätigt, darunter Vorräte der Klassen $B + C_1$ in Höhe von 1780 Mrd. m^3. Im Jahre 1968 wurde die Erdgasführung des nördlichen Teils des Urengojer Walls bestätigt, jedoch ist der Charakter der Tektonik bisher noch nicht untersucht worden.

Auf der Halbinsel Jamal wurde 250 km nordwestlich der bereits bekannten Lagerstätte von Nowy Port die bisher nördlichste Erdgaslagerstätte des Landes entdeckt.

Insgesamt konnten innerhalb des als Gebiet Tjumen bezeichneten Reviers im Jahre 1968 acht neue Lagerstätten an Kohlenwasserstoffen aufgeschlossen werden, davon vier Erdöl-, drei Erdgas- und eine Erdöl-Erdgas-Lagerstätte.

Auf Sachalin wurde eine regionale Erdölführung der Schichten des Mittleren und Unteren Miozäns festgestellt. Die Perspektivität der Rybnower Erhebung hat sich auf Grund ausgedehnter Such- und Erkundungsarbeiten wesentlich weiter nach S und SE ausgedehnt.

In der Kasachischen SSR konnten fünf neue Erdöl- und Erdgaslagerstätten aufgeschlossen werden. Zu den wichtigsten Erkundungsarbeiten zählt der Aufschluß der ersten Erdöllagerstätte von Arstanow im nördlichen Ustjurt.

Bei ausgedehnten Sucharbeiten im Gebiet von Mangyschlak konnte die Perspektivität von Schichten der Unterkreide bestätigt werden.

In der Tadshikischen SSR ist der Nachweis der Nordkurgantschiner Erdöllagerstätte in Schichten der Oberkreide von grundsätzlicher Bedeutung. Durch den Aufschluß dieser Lagerstätte wurde die industrielle Erdölführung einer weiteren großen tektonischen Zone von Kafirnigan innerhalb der tadshikischen Depression nachgewiesen. Die Bedeutung dieses Aufschlusses wird auch dadurch bestimmt, daß erstmals die Erdölführung der Schichten der Kreide in der tadshikischen Depression festgestellt wurde und sich dadurch deren Perspektiven bedeutend vergrößern.

Bei einer Bilanz der geologischen Erkundungsarbeiten der letzten Jahre muß unbedingt die besonders große volkswirtschaftliche Bedeutung der Erdgasvorräte im europäischen Teil der UdSSR unterstrichen werden. Der Aufschluß der Erdöllagerstätte von Usinskoje in der ASSR der Komi, von Bjelskoje im Gebiet von Perm, von Krasnoborsk und Jushno-Schjuparjai im baltischen Raum sowie der Nachweis neuer Lagerstätten in anderen Gebieten beweisen die Existenz großer Reserven für die Erhöhung der Vorräte an Erdöl und Erdgas im europäischen Teil der UdSSR.

Die hohe Übererfüllung des Planes für den Vorratszuwachs an Erdöl und Erdgas im Jahre 1968 und die Ergebnisse der Arbeiten der letzten Jahre erbrachten eine Planerfüllung für den Vorratszuwachs in den ersten drei Jahren des Fünfjahrplans für die Klassen $A + B + C_1$ bei Erdöl von 101% und bei Erdgas von 202%.

Allerdings bleibt die Steigerung des Vorratszuwachses an Erdöl für die gesamte UdSSR wie bisher hinter der Steigerung der Förderung zurück. Damit verringert sich der Grad der Sicherung der Förderung für das Gesamtterritorium. Ein besonders niedriger Grad besteht in den Erdölgewinnungsbezirken der Ukrainischen, der Aserbaidshanischen und der Usbekischen Unionsrepublik, im Gebiet von Saratow und Kuibyschew, in der Region von Krasnodar u. a. Gleichzeitig blieb der Umfang an tiefen Erkundungsbohrungen auf Erdöl für das Gesamtterritorium längere Zeit auf dem gleichen Niveau und verringerte sich sogar in den letzten Jahren etwas: 1965 = 3,6 Mill. m, 1966 = 3,4 Mill. m, 1967 = 3,5 Mill. m, 1968 = 3,0 Mill. m. Der Plan für die tiefen Erkundungsbohrungen auf Erdöl für das Jahr 1968 wurde mit 95% erfüllt.

Bis 1970 werden die geologischen Erkundungsarbeiten in den gleichen Hauptrichtungen weitergeführt wie in den vergangenen Jahren. Wie bisher besteht die Hauptaufgabe im Nachweis neuer Lagerstätten und erdöl-erdgas-führender Bezirke im europäischen Teil des Landes, im erdöl-erdgas-führenden Gebiet der Timan-Petschora, in der Voruralsenke, im Kamsk—Kinelsker Senkungssystem und seiner Umrandung, in der Randzone des Kaspi-Beckens, in der Dnepr—Donez-Senke, im Vorkaukasus, in den zentralen Bezirken usw. Große Bedeutung haben die Lagerstättenerkundung in Westsibirien (Samotlor, Urengoj, Medweshje) und auch die Suche und Erkundung in perspektivischen Gebieten Mittelasiens und Kasachstans sowie im Aquatorium des Kaspischen Meeres. Auf diese Richtungen wird der Hauptumfang an tiefen Erkundungsbohrungen konzentriert.

Mit dem Ziel der Klärung der Perspektiven der Erdöl-Erdgas-Führung der neuen Bezirke und der wenig untersuchten tiefen Schichten der alten Bezirke werden z. Z. Pläne der regionalen Arbeiten für den Zeitraum von 1971 bis 1975 für die entsprechenden Regionen vorbereitet.

Die Speichereigenschaften der karbonatischen Gesteine des Woronesh-Horizonts auf der Erdöllagerstätte Retschiza

F. I. KOTJACHOW, JA. N. ABDUCHALIKOW, JU. A. KUSMITSCHEW, JU. S. MELNIKOWA, S. A. SEREBRENNIKOW & W. P. JURTSCHAK, UdSSR

In den letzten Jahren wurden auf dem Territorium der Belorussischen SSR Erdöllagerstätten in den sehr kompliziert gebauten karbonatischen Schichten des Oberdevons (Sadon-Horizont — D_3^2 sd, Woronesh-Horizont — D_3^1 vor, Bureg-Semiluk-Horizont — D_3^1 bur-sm) entdeckt. Die Berechnung der Ölvorräte in den karbonatischen Speichergesteinen bereitet große Schwierigkeiten, bedingt durch die Kompliziertheit der Hohlraumkonfiguration dieser Schichten und durch die Bildungsverhältnisse der Lager selbst.

Gegenwärtig ist der geologische Bau der Speichergesteine der Erdöllagerstätte Retschiza am vollständigsten untersucht, auf der Erdöllager an alle drei obengenannten Horizonte gebunden sind.

Im vorliegenden Aufsatz werden die Speichereigenschaften der am besten untersuchten Ablagerungen des Woronesh-Horizonts auf der Basis der Kernuntersuchungen aus den Bohrungen Nr. 51, 89 und 25 behandelt. (Die Bohrungen wurden mit Tonspülung niedergebracht.)

„Geologija nefti i gasa", H. 9, 44—49, Moskau 1969.
Übers.: WOLFGANG OESTREICH.
Fachliche Bearbeitung: BERNHARD REH.

Tabelle: Die mittleren gewogenen Werte der physikalischen Parameter der Woronesh-Schichten der Lagerstätte Retschiza

Ablagerungen	Mächtigkeit (m)	Kerngewinn (%)	Kernmaterial, analysiert zur Bestimmung der Porosität, in % der Gesamtmächtigkeit	Porosität (%)		Kernmaterial, analysiert zur Bestimmung der Restwassersättigung, in % des gesamten Materials	Restwassersättigung		Kernmaterial, analysiert zur Bestimmung der Restölsättigung, in % des Gesamtmaterials	Restölsättigung		Kernmaterial, analysiert zur Bestimmung der Durchlässigkeit, in % des Gesamtmaterials	Durchlässigkeit parallel zur Schichtung (md)
				absolute	offene		in bezug auf die absolute Porosität	in bezug auf die offene Porosität		in bezug auf die absolute Porosität	in bezug auf die offene Porosität		
Wasserführende Oberworonesh-Ablagerungen	59,8	58,7	16,6	4,5	2,8	15,0	57,5	92,4	16,4	0,0	0,0	6,9	0,19
Ölführende Oberworonesh-Ablagerungen	7,2	67,9	30,6	4,0	2,2	26,5	44,6	81,1	30,6	7,9	14,4	7,3	0,07
Oberworonesh-Ablagerungen insgesamt	67,0	59,7	18,1	4,5	2,8	16,3	56,1	90,2	18,0	0,9	1,4	7,0	0,17
Wasserführende Unterworonesh-Ablagerungen	71,3	49,4	17,4	6,3	4,6	16,1	69,4	95,1	16,1	0,0	0,0	4,7	0,12
Ölführende Unterworonesh-Ablagerungen	47,0	48,1	24,3	4,9	3,2	23,5	37,9	58,0	23,5	9,0	13,8	15,6	0,75
Unterworonesh-Ablagerungen insgesamt	118,3	48,9	20,2	5,8	4,1	19,0	56,9	80,5	19,1	3,6	5,1	9,0	0,37
Wasserführende Woronesh-Ablagerungen insges.	131,1	53,6	17,0	5,5	3,8	15,6	64,0	92,6	16,3	0,0	0,0	5,7	0,07
Ölführende Woronesh-Ablagerungen insgesamt	54,2	50,7	25,2	4,8	3,1	23,9	38,8	60,1	24,5	8,9	13,8	14,5	0,66
Woronesh-Ablagerungen insges.	185,3	52,8	19,4	5,3	3,6	18,0	56,6	83,3	18,7	2,6	3,8	8,3	0,24

Die lithologisch-petrographische Untersuchung des Kernmaterials ergab, daß man den Woronesh-Horizont in zwei Subhorizonte — einen unteren und einen oberen — gliedern kann.

Der Unterworonesh-Subhorizont besteht aus einer mächtigen Schichtenfolge, an deren Basis ein Paket buntfarbener, vorwiegend grüner Gesteine (Dolomite, Mergel und Tone) liegt. In diesem Schichtpaket dominieren stark mikroklüftige Mergel, mit muscheligem Bruch, die häufig in fast weiße, feste, stellenweise kleinkavernöse Kalke oder Dolomite übergehen. Ölgesättigt ist die mikroklüftige und kleinkavernöse Ausbildung dieser Gesteine.

Darüber liegt ein Schichtpaket klein- oder mittelkristalliner mikroklüftiger Kalke, mit Merkmalen einer Sulfatisierung, mit Spuren organogener Einschlüsse. Diese Kalke wechsellagern mit hellgrauen, klein- und mittelkristallinen Dolomiten, mit dünnen Zwischenlagen von schwarzem Ton. Die Dolomite und die dichten mikroklüftigen Varietäten der Kalke sind mit Öl gesättigt. Der obere Teil der Unterworonesh-Ablagerungen ist im wesentlichen durch bräunliche, dichte, pelitomorphe und feinkristalline Kalke mit ölgesättigten Mikroklüften vertreten.

Die Oberworonesh-Schichten sind an der Basis durch tonige Kalksteine und Argillite vertreten, stellenweise mit konglomeratartigen Kalkeinschlüssen. Darüber liegen schwach dolomitisierte Kalke mit Öl auf Mikroklüften, die von Anhydriten mit untergeordneten Kalk- und Mergelzwischenlagen abgelöst werden.

Außer der lithologisch-petrographischen Untersuchung des Kernmaterials erfolgte noch eine Untersuchung der physikalischen Eigenschaften der Woronesh-Schichten, deren Ergebnisse in der Tabelle aufgeführt werden. In der Tabelle sind die Ablagerungen nach dem Öl- und Wassergehalt vertreten, nicht nach Gesteinstypen, da die Frage der Bildung der Lager von uns hier nicht behandelt wird.

Nach den vorliegenden Untersuchungsergebnissen gehören die Woronesh-Ablagerungen der Erdöllagerstätte Retschiza im wesentlichen zum Poren-Kluft-Typ mit Ölgehalt in der Matrix und in den Klüften. Die Matrix hat eine vorwiegend niedrige Porosität (4,8% absolute und 3,1% offene Porosität), eine hohe Restwassersättigung[1]), welche für die offene Porosität 61,3% beträgt, und eine sehr geringe Gasdurchlässigkeit paral-

[1]) Die Wassersättigung ist in diesem Fall residual. Unter Restwasser ist das bei der Lagerbildung entstandene Wasser zu verstehen. Die Matrix ist praktisch undurchlässig, und daher ist ein Eindringen von Spülungsfiltrat beim Bohren und bei der Kernentnahme in den Kern ausgeschlossen; davon zeugen die Daten der chemischen Zusammensetzung des Restwassers und des Spülungsfiltrats. Folglich kann man das im Bohrkern enthaltene Wasser völlig berechtigt als Restwasser oder fossiles Wasser (connate water) betrachten.

lel zur Schichtung, die im Durchschnitt einen Wert von 0,67 md aufweist.

In der Matrix ist das Erdöl sporadisch (mosaikartig) in Form von Höfen um die Mikroklüfte verteilt, und in den Dolomiten besitzt es sekundäre Herkunft.

Der klüftig-kavernöse Speichertyp wurde für die Woronesh-Ablagerungen nicht ausgehalten, da in 195 untersuchten Proben insgesamt nur acht Proben angetroffen wurden, die kleine Kavernen aufwiesen, d. h. Kavernen, deren Abmessungen mit denen der Poren kommensurabel sind.

Geht man von den Angaben über die physikalischen Speichereigenschaften des Woronesh-Horizonts aus, so kann man folgern, daß die industriellen Ölvorräte hauptsächlich in den Mikroklüften enthalten sind und teilweise in der Matrix, wenn man deren Abbau beim Regime des gelösten Gases mit einem Ölabgabekoeffizienten von 0,1 betreibt. Ein genauerer Wert des Ölabgabekoeffizienten kann mit Hilfe hydrodynamischer Berechnungen erhalten werden.

Bei der Untersuchung der Speichereigenschaften terrigener (KOTJACHOW, MELNIKOWA, MOROSOWA & KUSMITSCHEW 1967) und riffogener Schichten Baschkiriens (KOTJACHOW, MELNIKOWA & KUSMITSCHEW 1968) wurden korrelative Zusammenhänge zwischen verschiedenen physikalischen Parametern dieser Ablagerungen ermittelt, von denen sich eine Reihe für praktische Zwecke als brauchbar erwies. Deshalb wurden die Analysenergebnisse nach den allgemeinen Regeln der mathematischen Statistik (DUNIN-BARKOWSKI & SMIRNOW 1965) bearbeitet, um korrelative Beziehungen zwischen den verschiedenen physikalischen Parametern dieser Gesteine zu ermitteln.

Infolge der ungenügenden Menge an Kernmaterial erfolgte das Aufsuchen von Korrelationsbeziehungen summarisch für alle Gesteine, ohne sie nach strukturellen und texturellen Merkmalen in einzelne Gruppen zu untergliedern.

Auf der Grundlage der Analyse wurde festgestellt, daß für die Woronesh-Ablagerungen der Erdöllagerstätte Retschiza Korrelationsbeziehungen zwischen Resterdölsättigung und absoluter (oder offener) Porosität, zwischen Resterdölsättigung und Durchlässigkeit parallel zur Schichtung und zwischen absoluter (offener) Porosität und Permeabilität fehlen. Es gibt nur eine korrelative Abhängigkeit zwischen absoluter (m_{abs}) und offener (m_{off}) Porosität (Abb. 1), die durch die Gleichung

$$m_{abs} = 1{,}86 + 0{,}956\, m_{off} \quad (1)$$

ausgedrückt wird und für die der Korrelationskoeffizient 0,93 beträgt.

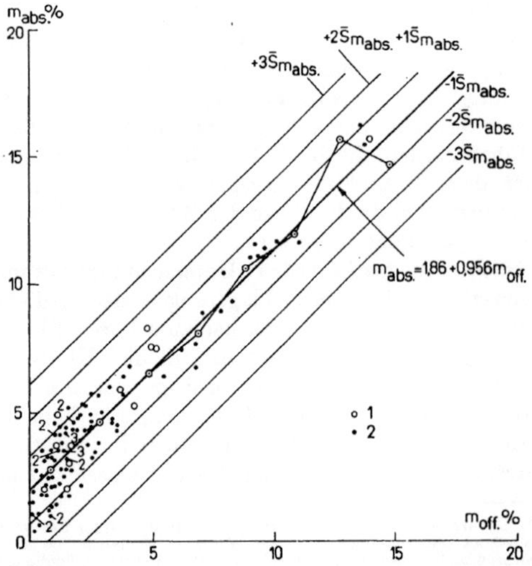

Abb. 1. Die korrelative Abhängigkeit zwischen absoluter und offener Porosität bei den Woronesh-Ablagerungen

1 – Ablagerungen des oberdevonischen Woronesh-Horizonts; 2 – Ablagerungen des oberdevonischen Bureg-Semiluk-Horizonts

Das Fehlen von Korrelationsbeziehungen zwischen den verschiedenen physikalischen Parametern der Woronesh-Ablagerungen in der Erdöllagerstätte Retschiza erschwert die Untersuchung der Speichereigenschaften dieser Gesteine wesentlich. Im Zusammenhang damit ist die komplexe Auswertung der Daten der Kernanalysen, bohrlochgeophysikalischer und hydrodynamischer Untersuchungen besonders notwendig.

In Anbetracht dessen, daß die Hauptmenge industrieller Ölakkumulationen in den Woronesh-Schichten an die mikroklüftige Ausbildung gebunden ist, wurden in der Bohrung Nr. 89 der Lagerstätte Retschiza Photokarottagearbeiten durchgeführt, um den Koeffizienten der Kluftdichte und den Klüftigkeitskoeffizienten nach der von KOTJACHOW (1956) dargelegten Methodik zu bestimmen.

Das Photographieren der Woronesh-Schichten in der Bohrung Nr. 89 erfolgte während des Bohrprozesses nach Ersetzung der Tonspülung durch durchsichtiges Salzwasser, welches mit einer koagulierenden Polyakrylamidlösung behandelt worden war. Besondere Aufmerksamkeit galt dem Intervall von 2617—2635 m, aus dem nur ein unbedeutender Kerngewinn erzielt worden war, wobei anhand des Kerns dieses Intervall als ölführend charakterisiert wurde.

Auf Grund der Bearbeitung der erhaltenen Aufnahmen nach der von KOTJACHOW & SEREBRENNIKOW (1964) dargelegten Methodik wurde festgestellt, daß sich der Koeffizient der Kluftdichte für die Woronesh-Schichten zwischen 0,41 und 3,16 l/cm bewegt und im Mittel 1,35 l/cm beträgt.

Bei der Bearbeitung der Photoaufnahmen wurde ferner festgestellt, daß die verschiedenen Gesteine auch durch unterschiedliche Kluftdichtekoeffizienten gekennzeichnet sind. Deshalb wurde für jeden Gesteinstyp der mittlere Kluftdichtekoeffizient berechnet, der für organogene Kalke 1,37 l/cm betrug, für tonige Kalke 1,45 l/cm, für dolomitisierte Kalke 1,76 l/cm und für Mergel 1,19 l/cm.

Abb. 2 zeigt die Kurve der Veränderung des Kluftdichtekoeffizienten der Woronesh-Schichten in der Bohrung Nr. 89 im Bereich von 2563—2635 m.

Nach den Ergebnissen hydrodynamischer Untersuchungen in den Sonden, die das Lager in den Woronesh-Schichten exploitieren, wurde der mittlere Produktionskoeffizient bestimmt und der mittlere Klüftigkeitskoeffizient berechnet. Der Wert des letzteren war 0,23%.

Der erhaltene Klüftigkeitskoeffizient stellt eine Einschätzung des am Abbau beteiligten offenen Kluftvolumens dar, das die ausbringbaren Vorräte bestimmt. Um den Gesamtklüftigkeitskoeffizienten zu ermitteln,

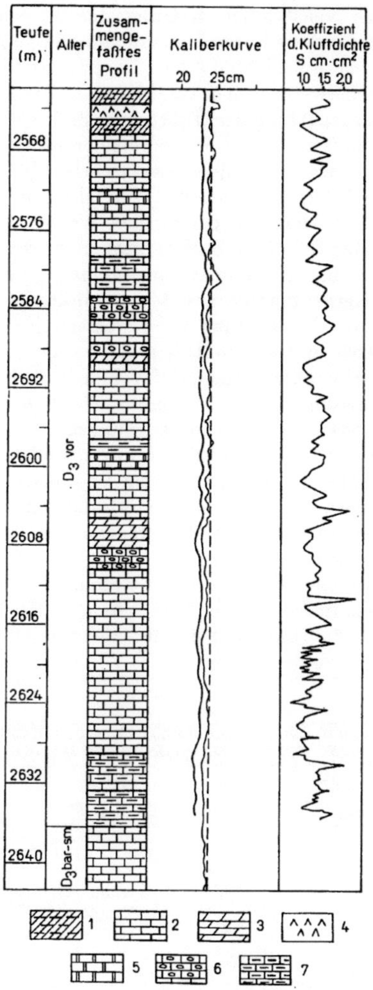

Abb. 2. Die Veränderung des Kluftdichtekoeffizienten der Woronesh-Schichten in der Bohrung Nr. 89

1 – Tone; 2 – Kalksteine; 3 – Mergel; 4 – Anhydrite; 5 – Dolomite; 6 – organogene Kalksteine; 7 – tonige Kalksteine

der die Bilanzvorräte bestimmt, muß man den erhaltenen Klüftigkeitskoeffizienten durch den Erdölabgabekoeffizienten teilen, den man etwa mit 0,7 annehmen kann (MAJDEBOR, POSTASCH, TSCHECHOWSKAJA, SJUNJAEW & REPINA 1967), wenn man von der Analyse der Erfahrungen beim Abbau der Lagerstätten von Grosny, der Lagerstätte Kinsebulatowo und anderen ausgeht.

Unter Berücksichtigung dessen, daß gegenwärtig für den Woronesh-Horizont keine hinreichend zuverlässigen hydrodynamischen Untersuchungen vorliegen, muß man den erhaltenen Wert des Klüftigkeitskoeffizienten als groben Richtwert betrachten.

Außer den obenbeschriebenen Untersuchungen wurde für die Woronesh-Schichten eine Einschätzung der Porosität nach den Daten der Neutronen-Gamma-Messung (NG) vorgenommen. Die Bewertung der Porosität erfolgte nach der allgemein bekannten Methodik (KOTJACHOW 1956) unter Verwendung des doppelten Differenzparameters

$$\Delta I_{n\gamma} = \frac{I^x_{n\gamma} - I^{\min}_{n\gamma}}{I^{\max}_{n\gamma} - I^{\min}_{n\gamma}} \qquad (2)$$

Hierbei bedeuten: $I^x_{n\gamma}$ — Neutron-Gamma-Ausschläge (Intensität) im Bereich der zu untersuchenden Schicht; $I^{\min}_{n\gamma}$ — NG-Intensität im Bereich einer Schicht mit maximaler Porosität; $I^{\max}_{n\gamma}$ — NG-Intensität im Bereich einer Schicht mit minimaler Porosität.

Als Eichkurve wurde die verallgemeinerte Kurve $\Delta\ In\,\gamma = f(m)$ verwendet, wie sie von WENDELSCHTEJN & LARIONOW (1964) angeführt ist.

Ein Vergleich der Porositätswerte nach den Angaben der NG-Messung und den am Kernmaterial ermittelten (Abb. 3) zeigt, daß bei $m_{\text{Kern}} < 4\%$ nach der NG-Messung zu niedrige und bei $m_{\text{Kern}} > 4\%$ erhöhte Porositätswerte erhalten werden.

Wenn daher die Bohrlochmeßdaten nach der NG-log der von WENDELSCHTEJN & LARIONOW (1964) angeführten verallgemeinerten Eichkurve $\Delta\ In\,\gamma = f(m)$ entsprechen, können sie für die Bewertung des Matrixhohlraums nach einer Korrektur entsprechend der Kurve in Abb. 3 verwendet werden.

Liegt eine ausreichende Menge objektiver Daten nach der NG-Messung vor, dann können sie für die Konstruktion der Eichkurve $\Delta\ In\,\gamma = f(m)$ konkret für eine gegebene Schicht verwendet werden, die dann für die Konstruktion einer Kurve, analog der in Abb. 3 gebrachten, herangezogen werden kann. Die auf diesem Wege erhaltene Kurve

$$\frac{m_{\text{Kern}}}{m_{\text{NG}}} = f(m_{\text{NG}})$$

kann für die Korrektur der nach der NG-Messung gefundenen Porositäten verwendet werden.

Neben der Porositätseinschätzung nach den Angaben der NG-Kurve wurden die bohrlochgeophysikalischen Untersuchungen für das Aushalten der produktiven Intervalle benutzt. Zu diesem Zweck wurden in der Bohrung Nr. 89 zeitabhängige Untersuchungen mit Hilfe der seitlichen Bohrlochsondierung (SBS) durchgeführt.

Die Verwendung der Methode zeitabhängiger Messungen beruht auf der Veränderung des spezifischen Widerstands der produktiven Schicht (ϱ_k) mit der Zeit infolge des wechselnden Durchmessers der Infiltrationszone in der Schicht.

Eine Analyse von Kurven der Veränderung des Verhältnisses vom spezifischen Widerstand einer Schicht mit unbegrenzter Mächtigkeit zum spezifischen Widerstand der Bohrung (ϱ_k/ϱ_B) in Abhängigkeit von den Schichtparametern und dem Durchmesser der Infiltrationszone bei $\varrho_I/\varrho_B = 100$ und $\varrho_I/\varrho_B = 200$ zeigt, daß in Schichten von unbegrenzter Mächtigkeit die Herabsetzung des Wertes ϱ_K/ϱ_B durch den Einfluß der Infiltrationszone bedingt wird. Wenn sich die Infiltrationszone (D) von 2 auf 12 Bohrlochdurchmesser verändert,

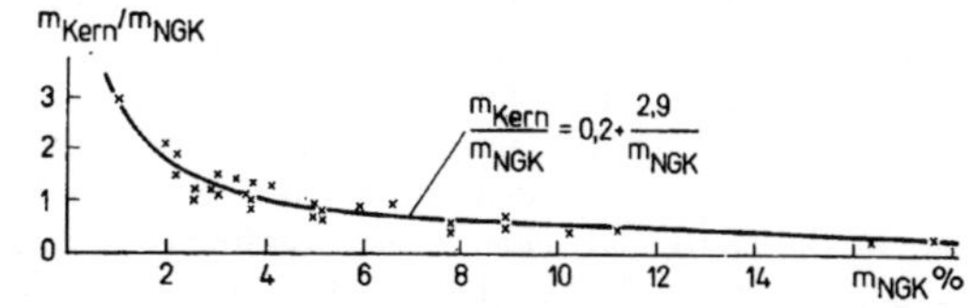

Abb. 3. Diagramm des Korrekturkoeffizienten bei der Bestimmung der Porosität der Woronesh-Schichten nach den Angaben der NG-Messung

verringert sich das Verhältnis ϱ_K/ϱ_B um das 3—4fache, und bei $D/D_B > 12\varrho_K/\varrho_B$ wird es praktisch durch den Wert des spezifischen Widerstands der Infiltrationszone bestimmt.

Die Durchführung zeitabhängiger seitlicher Bohrlochsondierungen in der Bohrung Nr. 89 gab die Möglichkeit, die produktiven Intervalle in den Woronesh-Schichten und effektive Schichtmächtigkeiten auszuhalten. Aus den Kurven der SBS, die zu verschiedener Zeit gemessen wurden (zwischen den Messungen lagen 43 Tage), geht hervor, daß die erdölgesättigten Zwischenlagen im Woronesh-Horizont im Gesamtkomplex der karbonatischen Ablagerungen eine untergeordnete Stellung einnehemen. Die Mächtigkeit der einzelnen Zwischenlagen bewegt sich zwischen 0,4 und 2,0 m und beträgt insgesamt 9,9 m.

Die Methode der genormten SBS- und NG-Kurven (SALJAJEW 1966) beruht auf der Existenz einer halblogarithmischen Abhängigkeit zwischen dem spezifischen Widerstand wasserführender Schichten und der NG-Intensität. Das Wesen der Methodik besteht darin, daß die SBS-Kurven aus dem linearen Maßstab in den logarithmischen transformiert werden, während die NG-Kurve im linearen Maßstab verbleibt. Der Modul des logarithmischen Maßstabs wird so gewählt, daß die normalisierten Widerstände und die NG-Werte im Bereich der wasserführenden Basisschichten (Bezugsschichten) zusammenfallen:

$$(I_{1\,NGK} - I_{2\,NGK})\ \mathrm{cm} = (\lg \varrho_{n_1} - \lg \varrho_{n_2})\ \mathrm{cm}$$

Die normalisierten Kurven der SBK und die NG-Werte müssen theoretisch in allen Bereichen des Profils zusammenfallen, wo sich der Charakter der Abhängigkeit

$$P_n = \frac{a}{m^n}$$

nicht verändert und so bleibt, wie in den wasserführenden Bezugsschichten. Eine der Hauptursachen für das Divergieren der Kurven von SBS und NG stellt die Erdölsättigung dar. Der Wert der Abweichung steigt mit der Zunahme der Erdölsättigung.

Die Verwendung dieser Methodik für das Aushalten der produktiven Speichergesteine ist in der Bohrung Nr. 89 durch die geringe Mächtigkeit der Ölzwischenlagen (von 0,4—2,0 m) erschwert. Im Profil der Bohrung Nr. 51 wurden nach der gegebenen Methodik produktive Schichten in den Intervallen 2687—2689,6 m, 2736—3751 m und 2763—2766,8 m (Abb. 4) deutlich ausgehalten, da sich ihre Mächtigkeiten zwischen 4 und 12 m bewegen. In allen Fällen werden die nach den geophysikalischen Angaben ausgehaltenen ölgesättigten Intervalle anhand des Kernmaterials kontrolliert, wobei eine gute Übereinstimmung zu beobachten ist.

Die Gegenüberstellung der Ergebnisse von Kernanalysen, der NG- und SBS-Kurven (konstruiert nach zweimaligen Messungen, um den Einfluß der Infiltrationszone in den karbonatischen Speichergesteinen auszuschalten) zeigt, daß die ölgesättigten Intervalle des Profils deutlich mittels Normierung der SBS- und NG-Kurven ausgehalten werden können, wenn die Mächtigkeit dieser Intervalle 1 m übersteigt.

Für eine vollständige Klärung der aufgeworfenen Frage sind die dargelegten Untersuchungsergebnisse aus den Woronesh-Schichten der Lagerstätte Retschiza verständlicherweise noch unzureichend. So brauchte man für eine Einschätzung der Ölsättigung in der Matrix des produktiven Teils der Woronesh-Schichten der Lagerstätte Retschiza und anderer Lagerstätten der Belorussischen SSR Angaben über die Mineralisation und den spezifischen Widerstand des fossilen Wassers und über seinen wahren Gehalt im Speichergestein. Daher gewinnt das Niederbringen zumindest einer Bohrung mit durchgängiger Kernentnahme aus den produktiven Ablagerungen unter Verwendung einer wasserfreien Spülung auf Erdölbasis erstrangige Bedeutung.

Zwecks Einschätzung des Kluftvolumens in den Woronesh-Ablagerungen zur Bestimmung der Ölvorräte muß man hydrodynamische Untersuchungen in den Bohrungen in Form von Probeförderungen und Druckaufbaumessungen durchführen, ferner Photokarottage auf einigen Bohrungen und einen vollständigen Komplex bohrlochgeophysikalischer Untersuchungen nach der Zweispülungsmethode.

Die gewiesene Richtung der weiteren Arbeiten wird es gestatten, in Zukunft die Ölvorräte und den industriellen Wert der Lagerstätten der Belorussischen SSR sachgemäßer zu beurteilen.

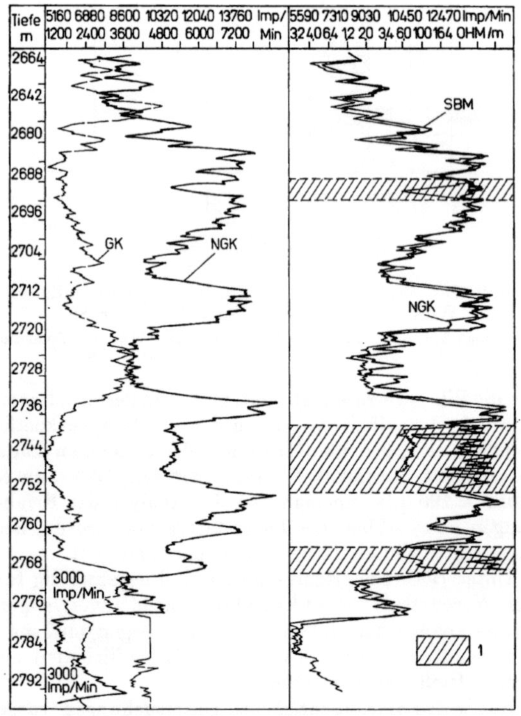

Abb. 4. Die Ausgliederung der ölgesättigten Intervalle nach der Methode der Normierung der SBS- und NG-Kurven in der Bohrung Nr. 51 des Feldes Retschiza
1 — ölgesättigte Intervalle

Literatur

DUNIN-BARKOWSKI, I. W., & N. W. SMIRNOW: Lehrgang der Wahrscheinlichkeitstheorie und der mathematischen Statistik für technische Anwendungen. — Isd. Nauka, Moskau 1965.

KOTJACHOW, F. I.: Eine Näherungsmethode zur Bestimmung der Ölvorräte in klüftigen Speichergesteinen. – Neftjanoje chosjajstwo, Nr. 4 (1956).
KOTJACHOW, F. I., & S. A. SEREBRENNIKOW: Die Einschätzung der Kluftverteilung in Öl- und Gasspeichergesteinen mit Hilfe der Tiefenphotografie. – Geologija nefti i gasa, Nr. 11 (1964).
KOTJACHOW, F. I., JU. S. MELNIKOWA & JU. A. KUSMITSCHEW: Über die Bewertung der riffogenen Speichergesteine Baschkiriens. – Geologija nefti i gasa, Nr. 3 (1968).
KOTJACHOW, F. I., JU. S. MELNIKOWA, W. T. MOROSOWA & JU. A. KUSMITSCHEW: Über die Einschätzung der Speichereigenschaften von Ölschichten anhand des Kernmaterials. – Tr. VNII, wyp. 48, isd. Nedra, Moskau 1967.
MAJDEBOR, W. N., M. F. POSTASCH, JU. G. TSCHECHOWSKAJA, JA. CH. SJUNJAEW & W. L. REPINA: Der Stand der Methoden zur Berechnung der ursprünglichen und ausbringbaren Ölvorräte in Lagern mit klüftigen Speichergesteinen nach den Daten der Abbauanalyse der Lagerstätten von Grosny. – Tr. Sew Kaw NII, wyp. III, isd. Nedra, Moskau 1967.
SALJAJEW, N. S.: Einschätzung der Ölführung in Karbonatgesteinen Tatariens nach den komplexen Daten der Widerstandsmessung, seitlichen Bohrlochsondierung und Radiokarottage. – Neftegasowaja geologija i geofisika, Nr. 7 (1966).
WENDELSCHTEJN, B. JU., & W. W. LARIONOW: Die Verwendung von Daten der Bohrlochgeophysik bei der Berechnung von Öl- und Gasvorräten. – Isd. Nedra, Moskau 1964.

Einsatz elektronischer Rechenautomaten bei der quantitativen Elementbestimmung in geochemischen Laboratorien

HANNES THIERGÄRTNER & CLAUS-DIETER WERNER, Freiberg (Sa.)

(Mitteilung Nr. 135 aus der Sektion Geowissenschaften der Bergakademie Freiberg)

1. Einführung

Für die Automatisierung in einem geochemischen (oder allgemein: chemischen) Labor stehen zwei Wege zur Verfügung. Der erste beruht auf dem Einsatz hochleistungsfähiger Geräte und automatischer Datenausgabe. Derartige Geräte sind jedoch wegen ihres großen Anschaffungswertes nur in Laboratorien mit sehr großem und kontinuierlichem Analysendurchsatz sinnvoll einzusetzen. Die zweite Möglichkeit ergibt sich mit kleinen Geräten; lediglich die Umwandlung der direkt erhaltenen Werte in die gesuchten Daten (im allgemeinen Konzentrationswerte) erfolgt über Rechenautomaten.

In den geochemischen Laboratorien werden viele Gehaltswerte an chemischen Komponenten nicht unmittelbar als Meßwerte gewonnen. Die Gehaltswerte müssen aus primären Meßgrößen durch Umrechnung bestimmt werden. Das ist einerseits der Fall, wenn die Gehaltswerte aus physikalischen Größen nach determinierten funktionellen Beziehungen berechnet werden, andererseits, wenn eine Eichung an Etalons vorgenommen werden muß.

Die Umrechnung stellt stets einen nichtschöpferischen arbeitsaufwendigen und damit lohnintensiven Arbeitsprozeß dar. Deshalb ist vor Aufnahme der Umrechnungsarbeiten im Laborbereich zu prüfen, ob sie einem digitalen Rechenautomaten übertragen werden können. Kriterien für diese Entscheidung sind ein Kostenvergleich zwischen manueller und automatisierter Arbeitsweise und die sich dadurch ergebenden arbeitsorganisatorischen Umstellungen.

Die Vorteile der Anwendung elektronischer Rechenautomaten bei der Labordatenbestimmung sollen an einigen Beispielen demonstriert werden.[1])

Eingang des Manuskripts in der Redaktion: 25. 5. 1970.

[1]) Für die Unterstützung bei den analytischen Bestimmungsarbeiten danken die Autoren Frau Dipl.-Chem. SCHULZE, Freiberg, und für die Übernahme der Rechenarbeiten Herrn Dr. ELVERS, Freiberg.

2. Ermittlung des CO_2-Gehalts durch Adsorption in KOH-Lösung und Volumenmessung

Nach der Methode der Adsorption in KOH-Lösung und Volumenmessung werden die vier physikalischen Größen: Einwaagemasse M (in g), Luftdruck P (in Torr), Temperatur T (in °C) und Meßvolumen V (in ml) erhalten. Aus ihnen wird der CO_2-Gehalt C (in %) nach der Formel

$$C = 0{,}0194 \cdot 3{,}6645 \cdot V \cdot (P - K)/(273 \cdot M)$$

bestimmt. K ist ein Wert zur Korrektur des Luftdrucks, der in Abhängigkeit von T tabelliert ist. Die Gehaltsberechnung nach dieser vom Hersteller der Apparatur in der Betriebsanleitung mitgeteilten Formel mit Hilfe der Korrekturtabelle beanspruchte im Durchschnitt eine Arbeitszeit von vier Minuten.

Die Formel wurde zunächst durch Zusammenfassen der Konstanten vereinfacht. Für den komplizierten Zusammenhang zwischen T und K wurde empirisch eine quadratische Näherungsformel

$$K = 0{,}025 \cdot T \cdot (T + 1) + 4{,}6$$

gefunden, die unter normalen Temperaturbedingungen im Laboratorium (etwa 10 bis 30 °C) hinreichend genau ist. Die Formel wurde zusammen mit Ein- und Ausgabeanweisungen programmiert und für die Bestimmung mehrerer Gehaltswerte je Probe vorgesehen (Abb. 1). Der Rechenautomat gibt eine Liste mit den Probenbezeichnungen und den Gehaltswerten (bei beliebiger rechnerischer Genauigkeit) aus.

Bei einer Durchrechnung auf dem Kleinrechner CELLATRON SER 2b betrug die Senkung des finanziellen Aufwands je CO_2-Bestimmung 50%. Außerdem wird die bisher von Mitarbeitern des Labors benötigte Arbeitszeit um vier Minuten je Probe reduziert. Das ergibt bei 15 Proben bereits eine Stunde, die für die Lösung anderer Aufgaben frei wird.

Der Automat arbeitet im Gegensatz zur manuellen Umrechnung fehlerfrei. Bereits unter den zehn im Probelauf berechneten Gehaltswerten wurde einer beobachtet, der von Hand falsch berechnet worden war.

3. Kolorimetrische Analysen

Die kolorimetrischen Analysen erfordern grundsätzlich die Konstruktion und Anwendung von Eichkurven. Am Beispiel der Fluorbestimmung sollen die Möglichkeiten des Rechnereinsatzes gezeigt werden.

Nach Registrierung der Meßwerte waren bisher folgende manuelle, nichtschöpferische Arbeitsgänge erforderlich:

a) Eintragen der Fluorgehalte der Eichproben und der zugehörigen Extinktionswerte in ein Diagramm;

b) graphische Konstruktion der Eichkurve durch ausgleichendes Verbinden der Punkte im Diagramm (bei der visuellen Glättung hängt es vom Bearbeiter ab, welche Lage die Eichkurve im Diagramm annimmt; normalerweise werden zwei Bearbeiter aus gegebenen Punkten nicht die gleiche Kurve erhalten);

c) visuelles Ablesen der Gehaltswerte von Proben unbekannter Zusammensetzung anhand ihrer Extinktionswerte im Eichkurvendiagramm;

d) Aufschreiben der gefundenen Werte.

Es wurde davon ausgegangen, daß die Eichkurve als Regressionskurve bzw. -funktion in Form eines Polynoms geeigneten Grades darstellbar ist. Durch Anwendung der Methode der kleinsten Quadrate wird erreicht, daß die bei der Ausgleichung unvermeidlichen Fehler im Gegensatz zu einer manuell gezeichneten Eichkurve minimiert werden. In dem entwickelten Rechenprogramm kann der Grad des Polynoms durch den Bearbeiter variabel gewählt werden.

Das Flußbild (Abb. 2) zeigt, daß das Programm als Hauptprogramm mit zwei Unterprogrammen entworfen wurde. Das erste Unterprogramm (zwischen den Konnektoren 1 und 2) bestimmt die Eichfunktion aus den Daten der Eichproben. Dabei wird geprüft, ob eine genügend große Anzahl von Eichproben vorliegt. Der minimale und der maximale Extinktionswert werden als Grenzwerte der Anwendbarkeit der Eichkurve gespeichert. Das ist notwendig, weil eine Extrapolation nach mathematisch-statistischen Verfahren nicht erfolgen soll.

Mit dem zweiten Unterprogramm (zwischen Konnektoren 3 und 4) werden die den Extinktionswerten der Proben entsprechenden Gehaltswerte ermittelt, sofern sie innerhalb der Grenzen liegen. Die Ergebnisse können zusammen mit den Probenbezeichnungen tabelliert werden. Das Unterprogramm berechnet zugleich den Mittelwert, wenn von einer Probe mehrere Extinktionswerte vorliegen.

Prinzipiell genügt für die Fluorbestimmung eine Eichgerade wegen des linearen Zusammenhangs zwischen Extinktion und Fluorgehalt in dem Bereich, für den das LAMBERT-BEERsche Gesetz gilt. Sie entspricht einem Polynom 1. Grades. Es wurde ein schon vorhandenes Programm für den CELLATRON SER 2b eingesetzt, um zwei Eichgeraden als Regressionsfunktionen zu bestimmen. Im Automaten werden nur deren Koeffizienten gespeichert. Durch Anwendung des HORNER-Schemas werden die Gehaltswerte aus den eingegebenen Extinktionswerten berechnet.

Im Probelauf wurden zwei Eichgeraden ermittelt, die jeweils für die Fluorbestimmung mehrerer Proben genutzt wurden. Die Genauigkeit genügte auch dann den Anforderungen, wenn die Punkte der Eichkurve um eine Gerade streuten. Gegenüber den manuellen Bestimmungen wurde der Kostenaufwand für das Aufstellen einer Eichkurve und deren Anwendung für 50 Proben um 30% gesenkt; außerdem konnten dabei 55 Minuten an Arbeitszeit eingespart werden.

Die maschinell erhaltenen Eichkurven weichen geringfügig, aber doch in signifikantem Maße von den manuell konstruierten ab (Abb. 3). Demzufolge bestehen Abweichungen zwischen den mit ihrer Hilfe errechneten Fluorgehaltswerten in der Größenordnung von 5 bis 10% relativ. Die mit dem Rechenautomaten gefundenen Werte sind als besser zu beurteilen, weil die Konstruktion der Eichgeraden als Regressionsfunktion unabhängig vom subjektiven Empfinden der Bearbeiter ist und nach dem jederzeit reproduzierbaren Verfahren der Fehlerminimierung erfolgt. Die Umrechnungsfehler werden also verringert.

Für die flammenphotometrische Alkalimetallbestimmung wird dasselbe Programm mit einem Polynom 2. Grades empfohlen. Die Eichkurven erfassen hier den oberen Teil einer sigmoidalen Kurve, die hinreichend genau mit einer parabolischen Funktion beschrieben werden kann.

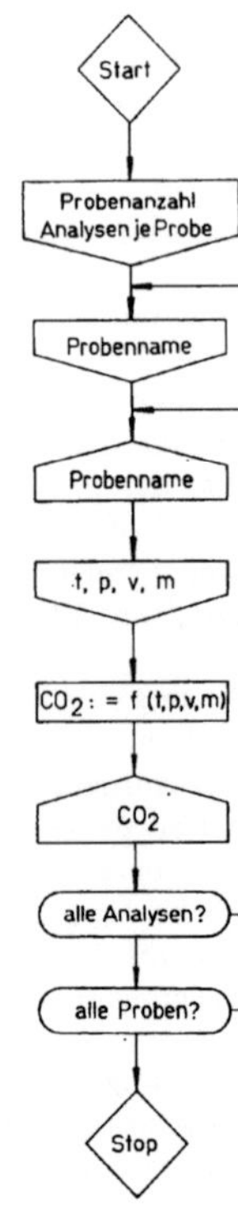

Abb. 1. Flußbild CO_2-Bestimmung

(Die sich rechts an die Frageoperation anschließenden Zyklen werden bei negativer Antwort durchlaufen.)

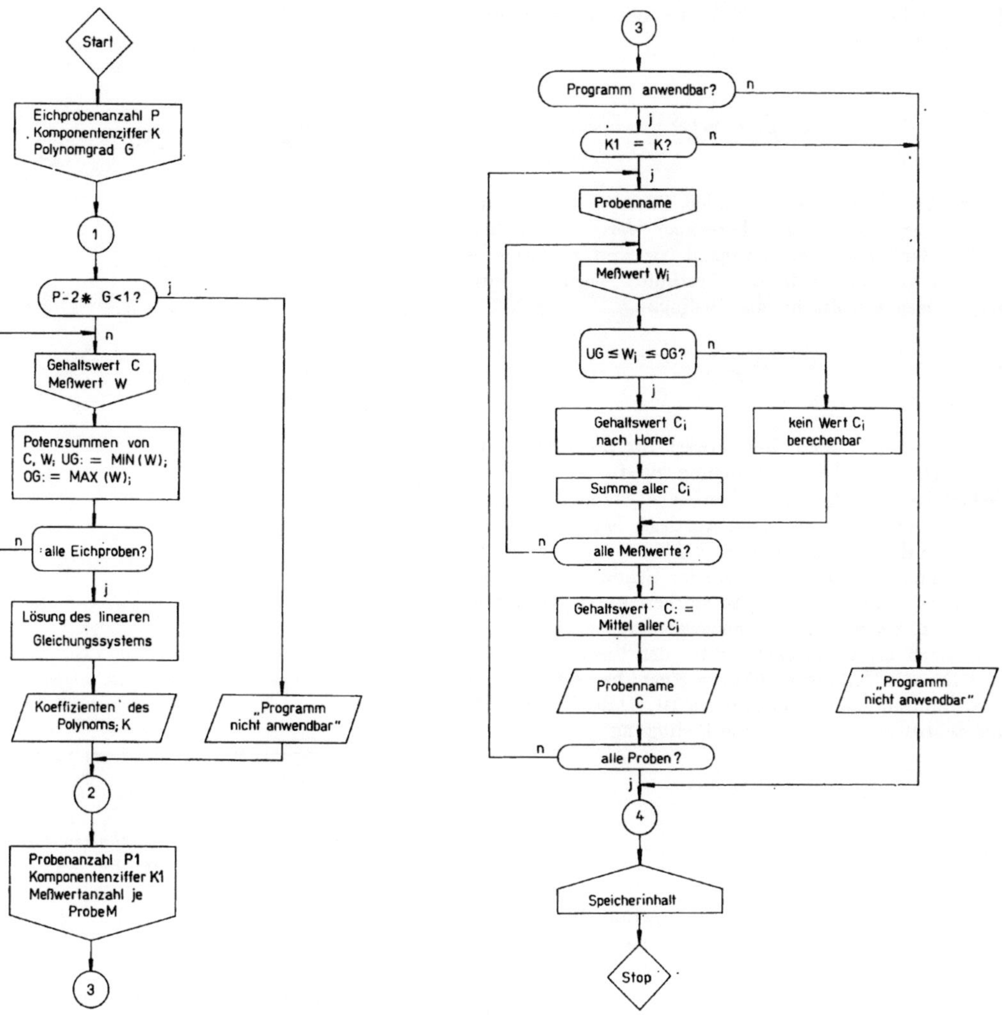

Abb. 2. Flußbild Eichkurvenauswertung

4. Optische Spektralanalyse

Wird ein Polynom 3. Grades gewählt, erweitert sich die Anwendungsmöglichkeit des Programms beträchtlich. Es kann dann überall dort eingesetzt werden, wo sigmoidale Eichkurven vorliegen, z. B. in der optischen Spektralanalyse. Ferner kann das Programm für Auswertungen an normal- oder logarithmisch-normal verteilten Kurven, wie sie in der Sedimentpetrographie vorkommen, verwendet werden, um beliebige Prozentanteile zu bestimmen.

Das Programm kann bei höheren Polynomgraden vorteilhafter auf mittleren Rechenautomaten (z. B. ROBOTRON 300 oder ODRA 1204) abgearbeitet werden.

Der Einsatz eines elektronischen Rechenautomaten für die spektralanalytische Gehaltsbestimmung erfordert gegenüber der Eichkurvenbestimmung in der Kolorimetrie einige Ergänzungen zum Programm. Es ist davon auszugehen, daß gewöhnlich nur der lineare Teil der Eichkurve benutzt wird. Die Auswertung ergibt im Bereich mit einer Gradation von etwa 1 die besten Resultate. Die quantitative Analyse bewegt sich außerdem in Schwärzungsbereichen $0{,}8 \geqq S \geqq 1{,}5$. Schließlich muß die Solarisation berücksichtigt werden.

Diese und weitere Erscheinungen erkennt der Spektralanalytiker spätestens beim Zeichnen der Eichkurve. Er benötigt dazu keine zusätzlichen Berechnungen, sondern legt die „sich abzeichnenden" Auswertegrenzen meist intuitiv richtig fest. Die Lösung dieser spezielleren Probleme, die scheinbar nur durch Einbeziehung der Erfahrungen des Bearbeiters erfolgen kann, läßt sich prinzipiell auf Rechenautomaten übertragen.

Beispielsweise läßt sich der durch die Gradation bevorzugte Bereich der Eichkurve mathematisch definieren. Geometrisch gesehen ist es jener Teil, in dem ein normaler Anstieg vorliegt. Er ist an den Kurvenenden durch stärker gekrümmte, flacher werdende Äste begrenzt. Wird mit S die Schwärzung, mit C die Konzentration bezeichnet, dann hat das im ersten Unterprogramm ermittelte Polynom die Formel

$$C = \sum_{i=0}^{3} a_i \cdot S^i$$

Dabei stellt a_i ($i = 0, 1, 2, 3$) die Koeffizienten dar. Seine erste Ableitung nach S

$$C' = \sum_{i=0}^{3} i \cdot a_i \cdot S^{i-1}$$

kann in beliebig vorzugebenden Punkten durch Einsetzen der Argumente S berechnet werden. Von den Enden der Eichkurve beginnend (sie sind als Grenzen der Auswertbarkeit bereits bestimmt worden), wird schrittweise geprüft, ob eine Bedingung

$$C' < g$$

(g = vorzugebender Minimalwert für die Gradation) noch erfüllt ist. Diese Bedingung gilt für das gesamte Gebiet der Solarisation (sofern sie vorhanden ist) und für die Bereiche zu geringen Anstiegs. Sobald sie nicht mehr erfüllt ist, beginnt (von beiden Enden der Eichkurve her) der Teil mit normaler Gradation ($\gamma \geqq g$).

Analog kann ein Gebiet zu starken Anstiegs, in dem zu „hart" gearbeitet wird, ausgegliedert werden.

Ähnlich ist vorzugehen, wenn der lineare oder ein fast linearer Teil der Eichkurve gegenüber den stärker gekrümmten Ästen abzugrenzen ist. Dabei ist Schritt für Schritt zu prüfen, ob eine Bedingung

$$|C'(1) - C'(2)| > k$$

[$C'(1) = C'$ im Punkt (1), der dem Punkt (2) benachbart ist; k = vorzugebender Maximalwert für die Krümmung der Eichkurve] noch erfüllt ist. Der gesuchte Teil der Eichkurve liegt innerhalb der äußersten Punkte, für die diese Bedingung erstmals nicht erfüllt ist.

Auf diese Weise kann der zu nutzende Bereich der Eichkurve in der optischen Spektralanalyse den Bedingungen angepaßt werden.

Solche Schritte kann man mühelos in die schon vorliegenden Unterprogramme einarbeiten. Dabei ist es möglich, vorzusehen, daß dann, wenn ein Element nicht mehr hinreichend genau quantitativ bestimmbar ist, die Schwärzung jedoch noch im Geltungsbereich der gesamten Eichkurve liegt, das Element als „vorhanden" identifiziert wird. Das Vorhandensein läßt sich verschlüsseln und in entsprechend aufgebauten Rechenprogrammen verarbeiten.

5. Nutzensbetrachtung

Wenn ein elektronischer Rechenautomat für ein einzelnes Bestimmungsverfahren und nur wenige Proben eingesetzt wird, ist praktisch kein nennenswerter Nutzen zu erwarten. Vielfach wird eine solche Arbeitsweise sogar kostenaufwendiger als die manuelle Berechnung sein. Das ändert sich bei großen Serien, wie sie in der geologischen Suche und Erkundung häufig zu bearbeiten sind.

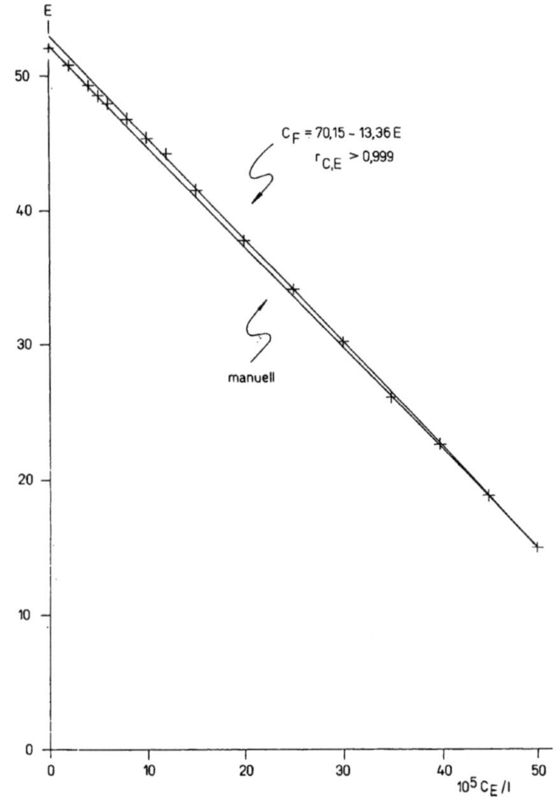

Abb. 3. Manuell und maschinell konstruierte Eichkurven für die Fluorbestimmung

Ein größerer Effekt wird erzielt, wenn mehrere Programme in der Art der erörterten so miteinander verbunden werden, daß alle Berechnungen des Mehrkomponentensystems je Probe automatisch vorgenommen werden. Schließen sich weitere Umrechnungen und Auswertungen im Elektronenrechner an, lassen sich bedeutende Verkürzungen der Bearbeitungszeiten, erhebliche finanzielle Einsparungen und die Freisetzung menschlicher Arbeitskraft erreichen.

Das Zusammenstellen von Meßwertserien kann durch einfache Organisation in den Laboratorien erfolgen, indem die Meßwerte gesammelt und periodisch in Gehaltswerte umgerechnet werden. In diesem Sinne wirkt auch eine mehr vereinheitlichte Arbeitsweise im geologischen Bereich.

Zusammenfassung

Für die adsorptive CO_2-Bestimmung, die kolorimetrische Fluoranalyse und die spektralanalytische Elementbestimmung als Beispiele für geochemische analytische Methoden werden elektronische Rechenautomaten empfohlen. Die Automaten sollen die bisher graphisch oder manuell-numerisch erfolgten Umrechnungen der Meß- in Gehaltswerte übernehmen. Es wurden Programme entwickelt, die diese Probleme lösen, und ihre prinzipielle Wirkungsweise sowie der erzielbare Nutzen dargelegt.

Резюме

Для определения CO_2 адсорбционным методом, для колориметрического анализа фтора и для спектрального анализа элементов как примеров для геохимических аналитических методов рекомендуется применение электронно-вычислительных автоматов. Автоматы должны проделывать пересчет измеренных величин на количественные величины, что раньше проводилось графическим или простым арифметическим способами. Были составлены программы, которые решают эти проблемы, и изложены их принцип действия, а также получаемый полезный эффект.

Summary

Automatic electronic computers are recommended for the adsorptive determination of CO_2, the colorimetric analysis of fluorine and the determination of elements by spectral analysis as examples illustrating geochemical analytical methods. Values so far measured and converted into contents by means of graphs or manual and numerical methods will now be dealt with by computers. Programmes solving such problems are described, as are their fundamental mode of operation and the benefit attainable.

Mineralogische Untersuchungen an Kalifeldspäten der rhyolithischen Gesteine von Schwerz

Ein Beitrag zur Diskussion um die Endomorphose der Halleschen Porphyre

THOMAS KAEMMEL, Berlin, MAX SCHWAB, Halle, & H. J. SEYDEWITZ, Halle

1. Zur geologischen Situation der Schwerzer Porphyre

Die Schwerzer Porphyre haben im Rahmen der regionalen Petrographie immer wieder Interesse beansprucht, da sie im Halleschen Vulkanitkomplex in bezug auf ihre Verbreitung, ihre Farbe, die Größe und Verteilung der Einsprenglinge eine Sonderstellung einnehmen. Das lokal begrenzte Vorkommen dieser Rhyolithe ist nur zwischen Niemberg und Schwerz (Meßtischblatt Landsberg) (Abb. 1) aufgeschlossen. Obwohl der Steinbruch am Windmühlenberg südwestlich von Schwerz einen ausgezeichneten Aufschluß bietet, bestehen hinsichtlich der vulkanologischen Ausbildung und der vulkanotektonischen Stellung der Schwerzer Porphyre noch Unklarheiten. Die Mächtigkeit der Rhyolithe ist unbekannt, da tiefere Bohrungen fehlen. Während die vulkanotektonischen Untersuchungen in dem kleinkristallinen Petersberger Porphyr (Abb. 2) den Deckencharakter dieses Ergusses belegen und der großkristalline Landsberger Porphyr seinen intrusiven Charakter als subvulkanischer Stock erkennen läßt (SCHWAB 1965), führten analoge Untersuchungen in den mittelkristallinen Schwerzer Porphyren (SCHULZ 1936, HAASE 1941, SEYDEWITZ 1961) bisher zu keinen sicheren Ergebnissen. Nach der petrographischen Ausbildung der Gesteine liegt keine subvulkanische Bildung vor, da eine mikrogranitische Grundmasse fehlt. Es gibt aber auch keine Hinweise auf einen reinen Oberflächenerguß, wie z. B. Tuffe, Fließwülste, Absonderungen. Die beobachteten Tuffite, Schieferton- und Andesitbruchstücke sind Einschlüsse. Es muß deshalb eine Übergangsstellung zwischen einer Intrusion und einer Effusion angenommen werden.

Die Verbreitung der Schwerzer Porphyre läßt sich nur indirekt ermitteln, da pleistozäne und tertiäre Lockermassen die Gesteine, bis auf die Aufbrüche am Gemsenberg und am Windmühlenberg (= Schwerzberg), verhüllen. Einen Anhaltspunkt für die oberflächige Verbreitung der Schwerzer Porphyre gibt die geomagnetische Karte (Abb. 3), die auf der Grundlage einer Vermessung von WAGNER (1959) geologisch interpretiert wurde. Der Verlauf der Isanomalen und die magnetischen Anomalien gestatten die Unterscheidung der Verbreitungsgebiete von Landsberger, Petersberger und Schwerzer Porphyren. Der Petersberger Porphyr wird von den anderen Porphyren durch ein zunächst 70—80° streichendes, dann in meridionale Richtung umbiegendes Areal mit geringen Suszeptibilitäten (0—80 γ) getrennt, das als der Ausstrich der Halleschen Schichten (Autun, Abb. 2) (= Zwischensediment bei HAASE 1941) angesehen wird. Auch zwischen den Schwerzer Porphyren und dem Landsberger Porphyr liegt ein

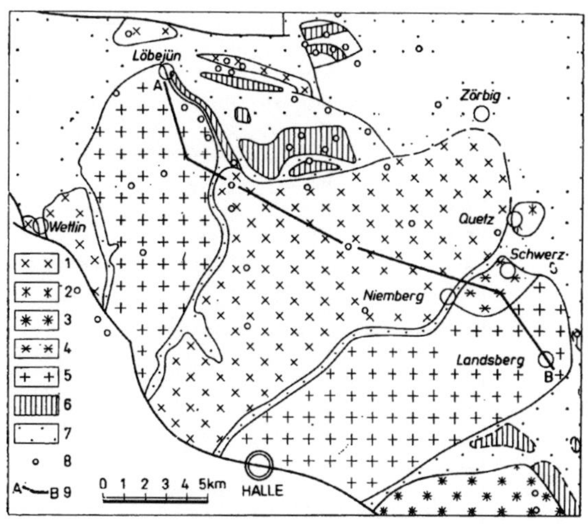

Abb. 1. Der Hallesche Vulkanitkomplex — Geologische Übersichtskarte des Westteils

1 — Wettiner und Petersberger Porphyr; 2 — Quetzer Porphyr; 3 — Schkeuditzer Porphyr; 4 — Schwerzer Porphyre; 5 — Löbejüner und Landsberger Porphyr; 6 — Andesite; 7 — Sedimente des Permosiles; 8 — Bohrungen; 9 — Schnittlinie zu Abb. 4

Eingang des Manuskripts in der Redaktion: 31. 3. 1970.

Gebiet mit geringen Suszeptibilitäten (40—80 γ), doch gibt es hier keine Hinweise auf rotliegende Sedimente. Es wurde im Schnitt der Abb. 4 ein direkter Kontakt zwischen den beiden Gesteinskörpern angenommen. Der Landsberger Porphyr intrudierte demnach direkt in die Schwerzer Porphyre und durchsetzte sie gangförmig an erzgebirgisch streichenden Spalten. Ein derartiger Gang, der annähernd parallel zum flacherzgebirgisch verlaufenden Nordrand des Landsberger Porphyrs streicht, ist im Steinbruch Windmühlenberg aufgeschlossen (HAASE 1941, SEYDEWITZ 1961). Dieser Gang von Landsberger Porphyr folgt somit einer nicht unbedeutenden Störung, die zwischen Halle und Schwerz nicht nur den Nordrand des Landsberger Porphyrs bildet, sondern zugleich den Südostrand der vulkanotektonischen Senke des Petersberger Porphyrs darstellt (Abb. 1). Der Nordrand des Landsberger Porphyrs entspricht strukturell dem Ostrand des Löbejüner Porphyrs, der von KAMPE, LUGE & SCHWAB (1965) beschrieben wurde (Abb. 4). Flacherzgebirgisch streichende Bruchstrukturen finden sich auch in den Schwerzer Porphyren (vgl. Kluftdiagramm Abb. 5). Sie entstanden z. T. noch im Rotliegenden im Anschluß an die Intrusion des Landsberger Porphyrs und während der Bildung der vulkanotektonischen Senke des Petersberges.

Die von HAASE (1941) vorgenommene Einstufung der Schwerzer Porphyre in die Abfolge der Halleschen Vulkanite kann bestätigt werden. Nach der von SIEGERT (1967) und von SCHWAB (1968) verwendeten Gliederung gehören die Schwerzer Porphyre als die ältesten im Autun entstandenen Rhyolithe zur 6. Eruptivperiode im Halleschen Vulkanitkomplex. Als 7. Eruptivperiode folgte der Landsberger Porphyr und als 9. Eruptivperiode der Petersberger Porphyr (vgl. KOCH 1966). Nach SEYDEWITZ (1961) gehört auch der Stumsdorfer Porphyr (Abb. 2), der den Petersberger Porphyr nördlich des Verbreitungsgebiets der Schwerzer Porphyre unterlagert, zur 6. Eruptivperiode (vgl. SCHWAB 1970).

2. Zur Ausbildung der Schwerzer Porphyre

Ausführliche petrographische Beschreibungen der Schwerzer Porphyre finden sich bei HAASE (1941). Er unterschied drei Varietäten, die er als „schwarze“ und „braune“ Schwerzer Porphyre und als Gemsenberg-Porphyr bezeichnete. Nach Beobachtungen im Steinbruch Schwerz rekonstruierte HAASE folgende Abfolge: 1. Erguß des Gemsenberg-Porphyrs; 2. Nachschub des schwarzen Schwerzer Porphyrs in den noch unverfestigten Gemsenberg-Porphyr (aus der Mischung der beiden Varietäten ging der braune Schwerzer Porphyr hervor); 3. gangförmige Intrusion des Landsberger Porphyrs.

Eine Identität des Gemsenberg-Porphyrs mit dem Stumsdorfer Porphyr ist nicht ausgeschlossen, doch sollte von einer Parallelisierung beider Varietäten abgesehen werden, solange eine gemeinsame Entstehung nicht belegt ist. Es ist nämlich auch möglich, daß sich die in den Bohrungen Brachstedt 5 und 7 angetroffenen Stumsdorfer Porphyre in der vulkanotektonischen Senke des Petersberger Porphyrs bildeten und dann wie der Quetzer Porphyr zur 9. Eruptivperiode zu rechnen sind. Dann würde es sich um subeffusiv erstarrte Anteile von Petersberger Porphyr handeln, wofür die Partien des Stumsdorfer Porphyrs sprechen, die mikrogranitisch ausgebildet sind. In Abb. 2 wurden Gemsenberg-Porphyr und Stumsdorfer Porphyr als Glieder der 6. Eruptivperiode betrachtet.

Die Schwerzer Porphyre sind Phenorhyolithe, die zumindest im Handstückbereich auch phenodazitischen Charakter annehmen können. Die Grundmassen der schwarzen und braunen Schwerzer Porphyre sind granophyrisch struiert, der Gemsenberg-Porphyr besitzt eine graphophyrische bis granulöse Grundmasse. Die bisher durchgeführten Integrationen aus dem Steinbruch Windmühlenberg zeigen das in der Tabelle dargestellte Bild (Durchschnittswerte, SEYDEWITZ).

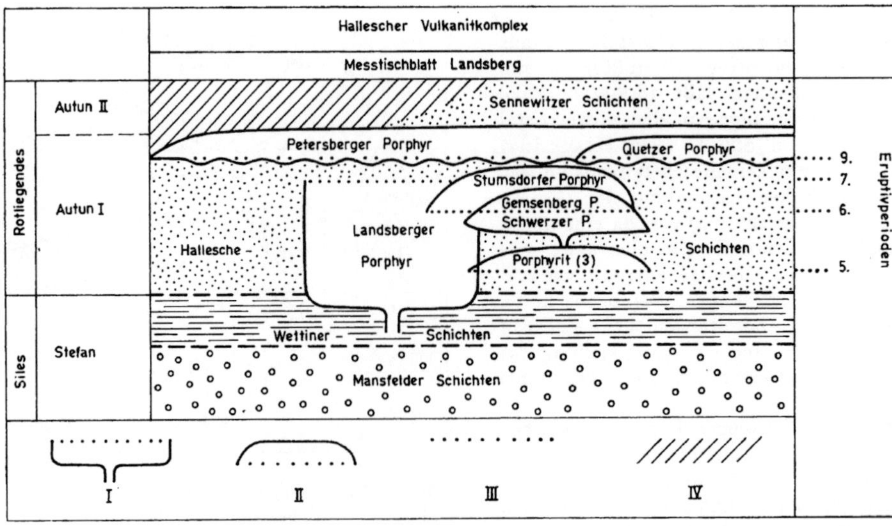

Abb. 2. Die stratigraphische Abfolge der Vulkanite im Bereich des Meßtischblattes Landsberg (4438)

I — Intrusionen, II — Effusionen, III — Zeitpunkt der Eruptionen, IV — Abtragung

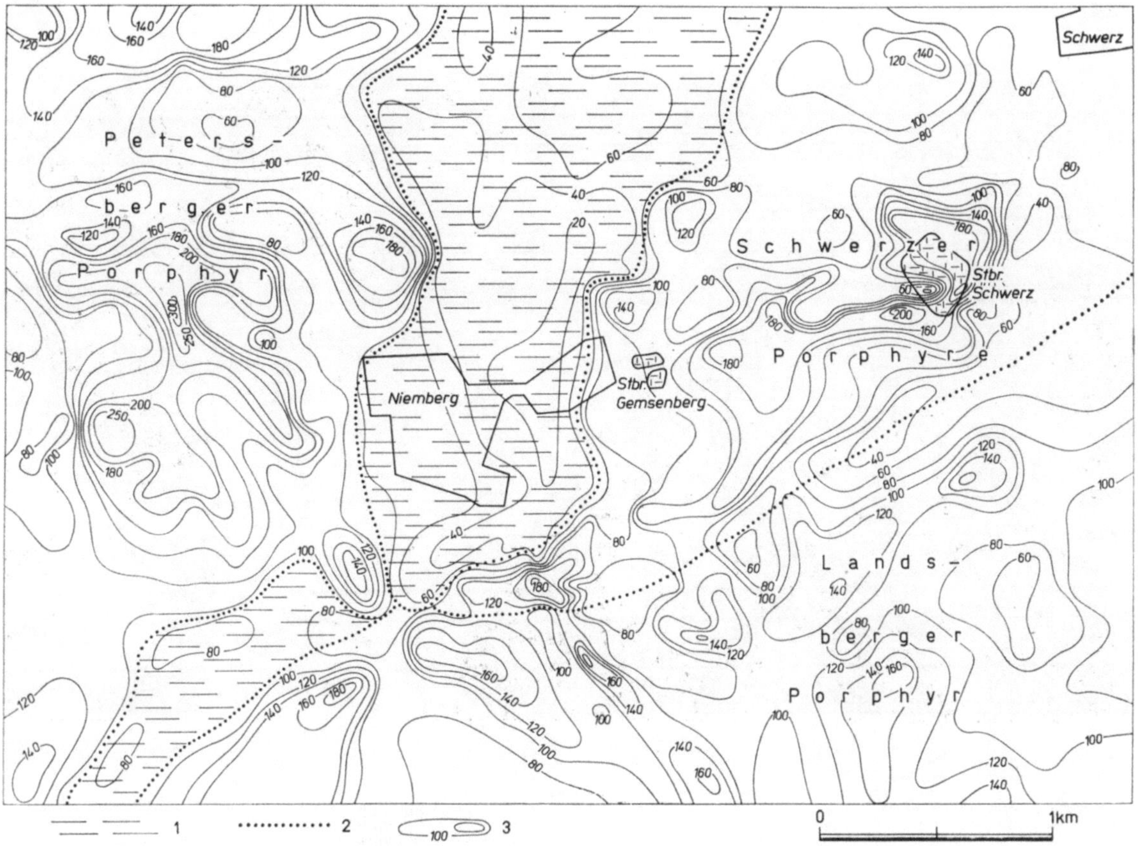

Abb. 3. Geologische und magnetische Karte des Grenzgebietes von Petersberger, Schwerzer und Landsberger Porphyr (Zeichnung unter Verwendung einer magnetischen Karte von F. W. WAGNER 1959)

1 – Ausstrich permosilesischer Sedimente, vermutlich Hallesche Schichten; 2 – Begrenzung der Porphyre; 3 – magnetische Isanomalen (Werte in Gamma).

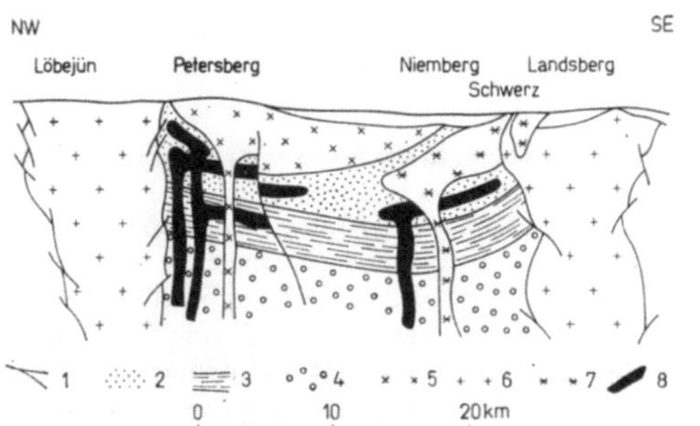

Abb. 4. Schnitt durch den Halleschen Vulkanitkomplex

1 – Pleistozän und Tertiär; 2 – Hallesche Schichten; 3 – Wettiner Schichten; 4 – Mansfelder Schichten; 5 – Petersberger Porphyr; 6 – Löbejüner und Landsberger Porphyr; 7 – Schwerzer Porphyre; 8 – Andesite

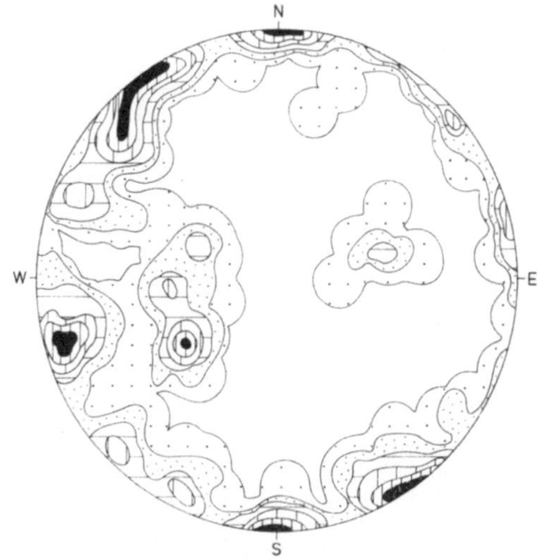

Abb. 5. Kluftdiagramm Steinbruch Windmühlenberg bei Schwerz; 200 Messungen in der unteren Halbkugel; 0–1–3–5–7 > 7%

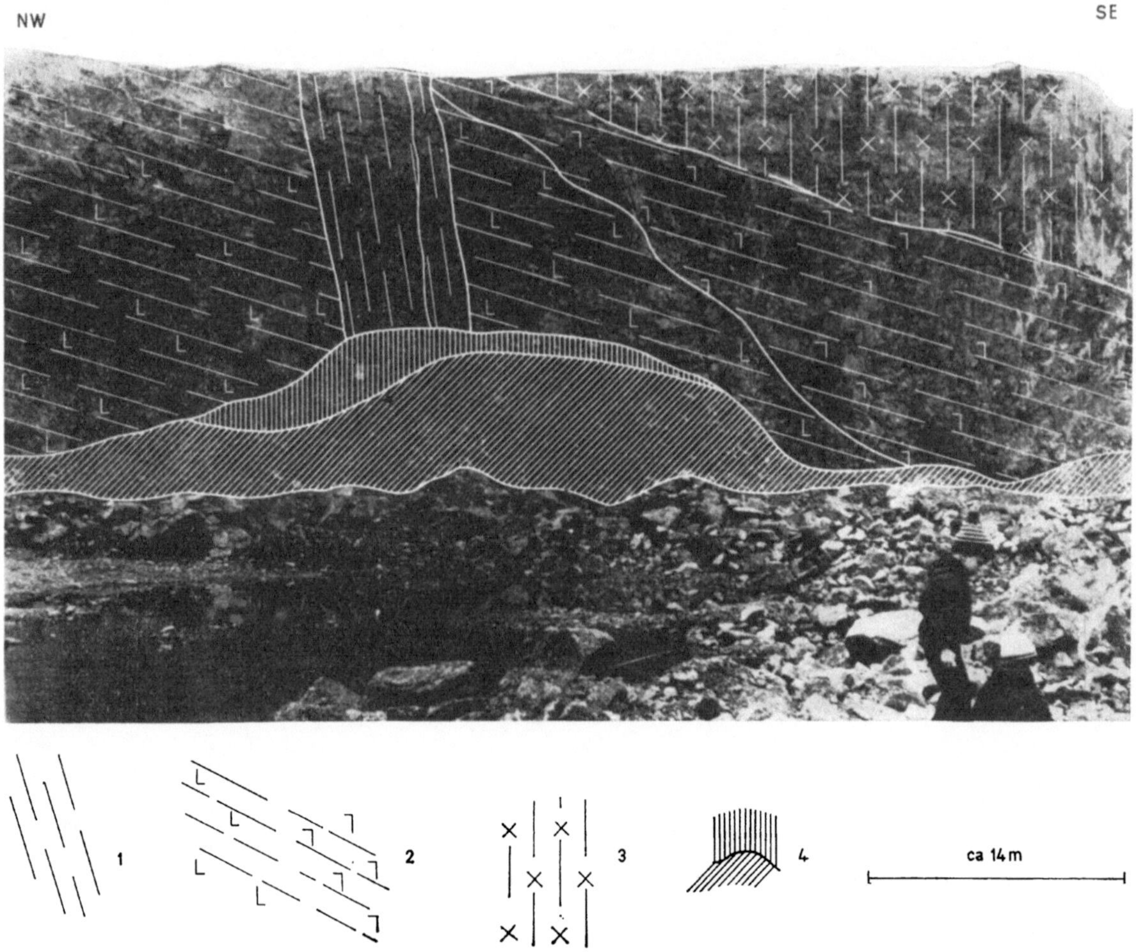

Abb. 6a. Oststoß des Steinbruches Windmühlenberg bei Schwerz (Aufnahme März 1970, vgl. Abb. 8, Proben 11—35)
1 — Landsberger Porphyr; 2 — Schwerzer Porphyr: links = grüne Varietät, rechts = braune Varietät; 3 — Gemsenberg-Porphyr; 4 — Schutt

Tabelle (Angaben in %)

	Einsprenglinge					
	Quarz	Kalifeldspat	Plagioklas	Mafit	Grundmasse	Bemerkungen
Schwerzer Porphyr, schwarz	7,0	13,5	8,7		70,8	An
Schwerzer Porphyr, braun	7,0	14,5	9,0		69,5	An
Schwerzer Porphyr, direkt neben dem Gang von Landsberger Porphyr, der den Schwerzer Porphyr durchsetzt	5,5	4,9	12,3	6,9	70,3	Ds
Gemsenberg Porphyr, den Schwerzer Porphyr überlagernd	8,7	12,5	8,5		70,3	An
	6,8	9,4	12,7		71,1	An
	9,4	20,0	6,9	4,7	59,0	Ds

An = Anschliff, Ds = Dünnschliff

Die Anorthitgehalte der Plagioklase liegen nach SCHÜLLER (1949) im Schwerzer Porphyr zwischen 30 und 35% An. MEISSNER beobachtete im braunen Schwerzer Porphyr 38% An, im Gang von Landsberger Porphyr 28—33% An und im Gemsenberger Porphyr 29—34% An.

3. Die Kalifeldspäte des Schwerzer Porphyrs

Der fortschreitende Abbau hat verschiedene Aufschlußbilder im Steinbruch sichtbar werden lassen (Abb. a und b). HAASE (1941) und SCHULZ (1936) beobachteten, daß der Landsberger Porphyr den Schwerzer Porphyr als Gang durchsetzt und daß er über eine Tuffpartie mit dem Schwerzer Porphyr in Verbindung steht (vgl. auch GAEDEKE 1960).

SCHÜLLER (1949) hat bei einer Befahrung des Bruches gemeinsam mit DETTE und LUSSNAT diese Beobachtung nicht wiederholen können. Sie stellten fest, daß der

Landsberger Porphyr Grüner Schwerzer Porphyr

ca 2m

Abb. 6 b

NW SE

ca 14 m

Abb. 6 c
(Legende s. Abb. 6 a)

Landsberger Porphyr in einer schwer abgrenzbaren Einlagerung nach Art einer Schliere oder eines Einschlusses im Schwerzer Porphyr liegt. Aus dieser Beobachtung leitete SCHÜLLER im Gegensatz zu den älteren Bearbeitern ab, daß der Landsberger Porphyr älter ist als der Schwerzer Porphyr und daß der Schwerzer Porphyr den Landsberger Porphyr teilweise wieder aufschmolz und in sich aufnahm (Endomorphose). Im Grenzbereich Landsberger Porphyr—Schwerzer Porphyr bildete der Schwerzer Porphyr, der an sich recht dunkel bzw. schwarz-grün ist, nach SCHÜLLER die braune Varietät aus.

SCHÜLLER deutete in diesem Sinne auch das Verhalten der Kalifeldspateinsprenglinge. Während im Landsberger Porphyr nach SCHÜLLER zentimetergroße Feldspateinsprenglinge mit Orthoklasoptik und einem Achsenwinkel von 2 Vx = 68° vorkommen, sinkt der Achsenwinkel in den Einsprenglingen im braunen Schwerzer Porphyr auf 40°—60°, z. T. mit Dispersion der Achsenebene, ab. In den dunklen Varietäten sinkt der Achsenwinkel der kleineren, z. T. klastischen Einsprenglinge auf 20°—40°, und die Achsenebene liegt ‖ (010), d. h., es liegt Sanidinoptik vor. Petrogenetisch ergab sich die Deutung: Die Kalifeldspateinsprenglinge aus dem aufgenommenen Landsberger Porphyr wurden erhitzt, teilweise aufgeschmolzen und dabei in Sanidin umgewandelt. Bereits LASPEYRES (1864) erwähnte aus dem Schwerzer Porphyr glasklare Kalifeldspäte, die er für Sanidine hielt. SEYDEWITZ (1961) konnte bei Kartierungsarbeiten die geologischen Beobachtungen SCHÜLLERs nicht bestätigen. Der gegenüber der SCHÜLLERschen Befahrung wenig veränderte Aufschluß zeigte lediglich einen Gang von Landsberger Porphyr im Schwerzer Porphyr. Der Schwerzer Porphyr wird seinerseits am Südende des Aufschlusses von Gemsenberg-Porphyr überlagert. Diese Situation erforderte, die mineralogischen Beobachtungen SCHÜLLERs hinsichtlich der Sanidinisierung zu überprüfen etwa mit der Frage, ob durch die Intrusion von Landsberger Porphyr eine Sanidinisierung des Kalifeldspats, in diesem Fall der Einsprenglinge und der Grundmasse der Kontaktgesteine, hervorgerufen worden sei. Der Gang von Landsberger Porphyr war bei der Probenahme an beiden Steinbruchseiten eindeutig zu erkennen. Die Proben wurden zu beiden Seiten des Gangkontakts entnommen. Kalifeldspateinsprenglinge und Grundmasse (Gesamtsystem) wurden untersucht und mit den älteren Untersuchungen verglichen.

Einsprenglinge:

Die Einsprenglinge von Schwerz zeigen eine größere Variation der 2 Vx-Werte. Die Beobachtungen von SCHÜLLER konnten im Durchschnitt reproduziert werden (Messungen von BÜCHNER und KAEMMEL). Seine Beobachtungen über die Symmetrieverhältnisse (Achsenebene) konnten nicht wiederholt werden, da relativ wenige Messungen darüber vorliegen. In den meisten vermessenen (KAEMMEL) Kristallen war es nicht möglich, die Symmetrieverhältnisse zu ermitteln. In den Fällen, wo dies möglich war, wurde triklines Verhalten — Verzwillingung nach Gesetzen, die im monoklinen System nicht möglich sind (Albit; Ala) — festgestellt. Außerdem wurde das Karlsbader und Manebacher Gesetz beobachtet. Die Achsenebene lag in den vier beobachteten Fällen fast ⊥ (010). Die Achsenwinkel aller untersuchten Kristalle schwanken zwischen 18° und 72°, wobei die in den schwarzgrünen und schwarzen Varietäten megaskopisch klaren Kristalle meist unter 40° liegen. Werte darüber stammen aus getrübten Bereichen der Einsprenglinge; Werte über 50° aus den braunen und rotbraunen Varietäten, Werte unter 50° aus reliktischen klaren Partien eines Einsprenglings. In einigen Einsprenglingen konnte die Variation des Achsenwinkels von 30°—35° auf maximal 70°—74° beobachtet (BÜCHNER) werden.

Grundmasse:

Die Kalifeldspäte in der Grundmasse sind oft nicht immer individualisierbar. Typisch ist die undulöse Auslöschung der Quarze und Feldspatkörner. Die Korngrößen wechseln. Typisch sind Korngrößen zwischen 20 und 60 μm, ferner zwischen 1 und 20 μm und Korngrößen um 100 μm.

Die Schwerzer Rhyolithe (Gesamtgesteinsanteil der Grundmasse etwa 70%) zeigen im Handstückbereich röntgenographisch drei deutlich verschiedene Typen, einen Plagioklastyp und zwei Kalifeldspattypen. Das heißt, der Plagioklastyp zeigt in dem differenziert untersuchten Bereich zwischen 2,89 Å und 3,3 Å die Plagioklaslinien wesentlich stärker als in den Kalifeldspattypen. Die beiden Kalifeldspattypen unterscheiden sich dadurch, daß der eine mikroklinähnliches Verhalten der Reflexe bzw. Reflexpaare zeigt (131), (130), (002), während die Reflexe des anderen sanidinähnlich sind (vgl. auch KAEMMEL 1970). Die mikroklinartigen Phasen haben eine Triklinität $\Delta = 12{,}5\ (d_{131} - d_{1\bar{3}1})$ zwischen 0,54 und 0,99, während die sanidinartigen Phasen eine Triklinität $\leqq 0{,}2$ haben (vgl. BAMBAUER 1967, dort weitere Literatur). Übergangswerte kommen zwischen 0,2 und 0,5 sehr selten vor. In den sanidinartigen Diagrammen lassen sich untergeordnet auch mikroklinartige Anteile mit ähnlicher Triklinität wie oben erwähnt feststellen. Der Albitgehalt (Linie $20\bar{1}$ gegen $10\bar{1}0$ des Quarzes) der sanidinartigen Phasen liegt zwischen 15% und 35%, bei den mikroklinartigen Phasen ist er nicht festzustellen, d. h., er liegt vermutlich unter 5%.

Die Variation der (002)-Werte der sanidinartigen Phasen von Schwerz entspricht einer Abhängigkeit vom Na-Gehalt (Abb. 7).

Niedrige (002)-Werte der sanidinartigen Phasen von Schwerz entsprechen relativ hohen Albitgehalten. Die (002)-Linie der sanidinartigen Phase wird bei niedrigen Werten von der (202)-Linie des Plagioklases überdeckt, die jedoch weit schwächer ist. Die Entscheidung über die Indizierung der Linie brachte ihr Verhältnis zur (002)-Linie des Plagioklases.

Die Verteilung der röntgenographischen und kristalloptischen Beobachtungen zeigt (Abb. 8), daß im Aufschlußbereich keine Abhängigkeit zwischen dem Ordnungsgrad der Kalifeldspäte („Sanidinisierung") und dem Gang festzustellen ist. Eine Möglichkeit der „Sanidinisierung" des Kalifeldspats bis zu 10 m vom Kontakt kann durch die bisherigen Messungen nicht ausgeschlossen werden. Diese Annahme ist jedoch nicht notwendig, da sich insgesamt abzeichnet, daß der Unordnungsgrad, d. h. die Annäherung an ein Sanidinverhalten der Einsprenglinge und der Kalifeldspäte der Grundmasse unregelmäßig nach Norden zum Zentrum des Schwerzer

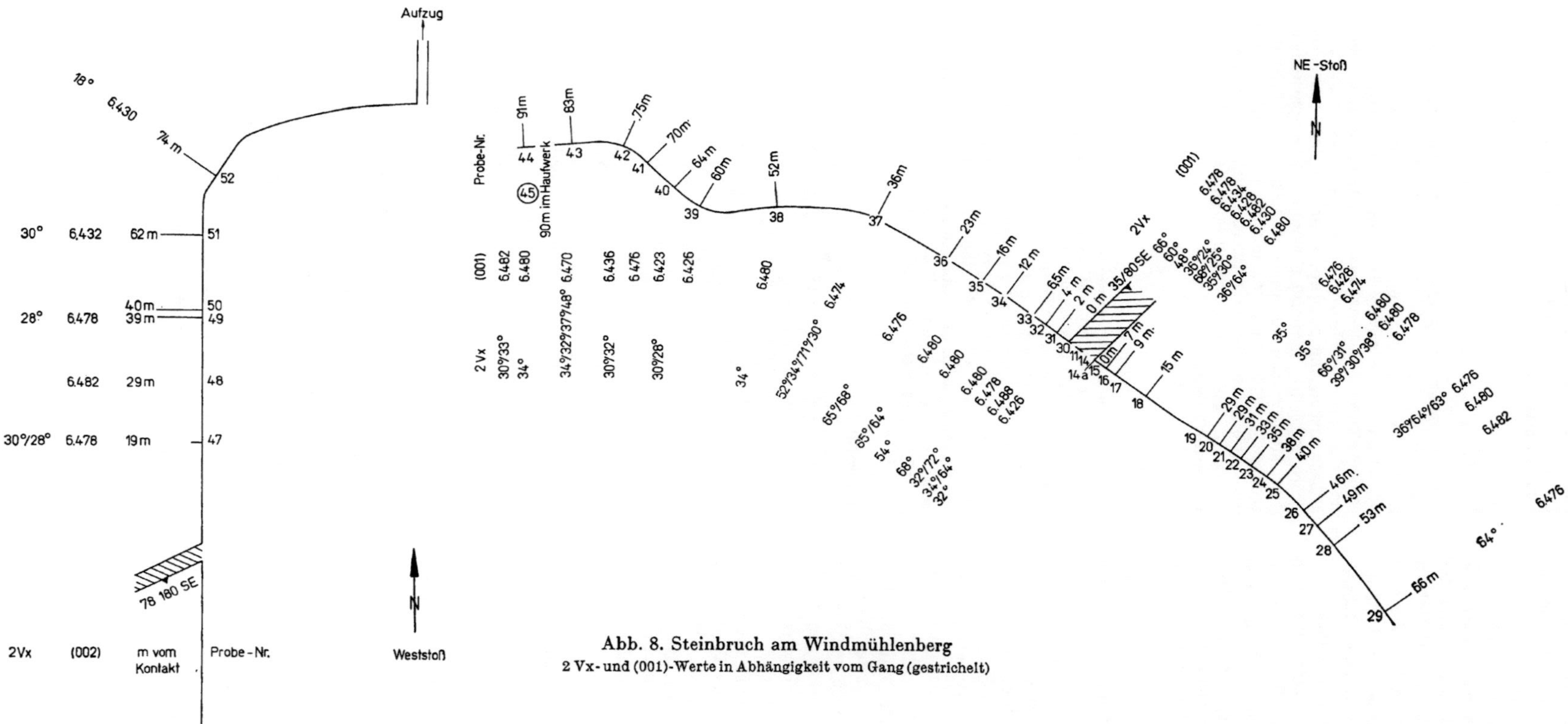

Abb. 8. Steinbruch am Windmühlenberg
2 Vx- und (001)-Werte in Abhängigkeit vom Gang (gestrichelt)

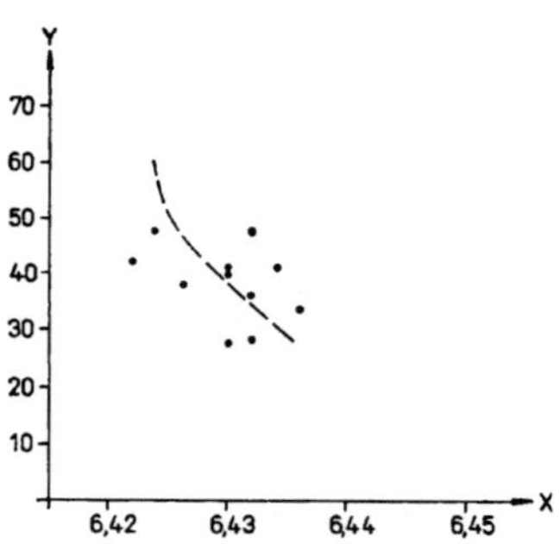

Abb. 7. Die Abhängigkeit des Na-Gehaltes [y-Achse] ausgedrückt in der Differenz von (20$\bar{1}$) und (10$\bar{1}$0) von Quarz in Tausendstel Å und dem Wert (002) ausgedrückt durch (001) [x-Achse] in Å

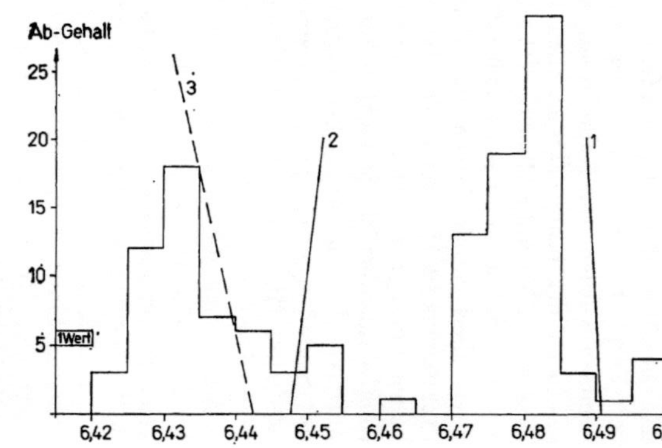

Abb. 9. Häufigkeitsverteilung der (002)-Werte, ausgedrückt als (001) der Kalifeldspäte aus dem Steinbruch Windmühlenberg und dem Quetzer Berg

1 — Grenze der Werte (010) in Å für „maximum microcline" in Abhängigkeit vom Ab-Gehalt; 2 — Grenze der Werte (001) in Å für höchst ungeordneten Sanidin in Abhängigkeit vom Ab-Gehalt, beides nach Gubser & Laves (1967); 3 — wie 2, jedoch konstruiert nach van der Plas (1966)

Porphyrkörpers zunimmt. Diese Tendenz wird durch die Untersuchung von Proben (Probenahme Dr. SCHIRMER) bestätigt, die südlich des Ganges bis zum Gemsenberg-Porphyr und aus dem Gemsenberg-Porphyr genommen wurden. Die Kalifeldspäte dieser Proben zeigen nach der röntgenographischen Untersuchung des Gesamtgesteins mikroklinartiges Verhalten. Damit ist erwiesen, daß auch die nach Süden den Schwerzer Porphyr überlagernde Decke von Gemsenberg-Porphyr (SEYDEWITZ 1961) — von den älteren Autoren als Landsberger Porphyr bezeichnet — nicht für eine Sanidisierung verantwortlich gemacht werden kann. Es kann mittels geologischer und mineralogischer Beobachtungen die Schlußfolgerung gezogen werden, daß die von SCHÜLLER (1949) postulierte Endomorphose des Landsberger Porphyrs im Schwerzer Porphyr nicht existiert.

Als Ursache für das sanidinartige Verhalten von Teilen der Kalifeldspäte kann z. Z. nur auf die modern aufgefaßte Hypothese von LASPEYRES (1864) zurückgegriffen werden, daß nämlich die sanidinähnlichen Phasen Relikte sind, die einer Verwitterung bzw., nun im weiteren Sinne aufgefaßt, einer hydrothermalen bzw. thermalen Umwandlung entgangen sind. Als geologische Ursache hierfür kommen mehrere Gründe in Frage, die erst bei Vorliegen von Untersuchungsmaterial aus anderen ähnlichen Verhältnissen näher eingeengt werden können. Übergänge zwischen den erwähnten beiden Kalifeldspattypen sind selten (Abb. 9).

Die Untersuchung zeigt im übrigen, daß die Umwandlung der Feldspäte, im wesentlichen der Kalifeldspäte, von den Hochtemperaturformen zu den Tieftemperaturformen, verbunden mit dem Zerfall des K/Na-Feldspats, wesentlich zum Erwerb des Porphyrhabitus der Rhyolithe beigetragen hat. Erwähnt sei in diesem Zusammenhang, daß es bei der Umwandlung von K(Na)-Sanidin in K-Mikroklin und Albit zu einer Verdichtung der Mineralphasen kommt (BARTH 1967). Paramorphosen von K-Mikroklin und Albit nach K(Na)-Sanidin verfügen daher über eine Mikroporosität, die diese Paramorphosen z. B. für den Absatz feinstkolloidaler Eisenoxid- bzw. Eisenhydroxidteilchen geeignet erscheinen lassen.

Mit Spuren intrakrustaler Aufschmelzungserscheinungen anderer Art, wie sie aus dem Halleschen Porphyrkomplex von SIEGERT (1967) und SCHWAB (1970) erwähnt werden, ist auch im Schwerzer Porphyr zu rechnen. Diese Erscheinungen haben jedoch nichts mit der von SCHÜLLER postulierten Endomorphose des Landsberger Porphyrs zu tun.

Zusammenfassung

Mit Hilfe geologischer und mineralogischer Beobachtungen kann gezeigt werden, daß die von SCHÜLLER (1949) postulierte Endomorphose des Landsberger Porphyrs am Schwerzer Porphyr nicht existiert. Die Verteilung der sanidinähnlichen Kalifeldspäte ist unabhängig vom Gang des Landsberger Porphyrs, der den Schwerzer Porphyr durchsetzt, sowie von der Decke des Gemsenberg-Porphyrs, die den Schwerzer Porphyr überlagert. Methodisch interessant ist, daß mit Hilfe der Röntgendiffraktometrie plagioklasreiche und plagioklasarme Typen unterschieden werden können. Die geologische Situation konnte durch die Geomagnetik rekonstruiert werden.

Резюме

С помощью геологических и минералогических наблюдений можно показать, что постулированный Шюллером (1949) эндоморфизм ландсбергского порфира по шверцскому порфиру не существует. Распределение санидиноподобных калиевых полевых шпатов независимо от жилы ландсбергского порфира, которая пронизывает шверцский порфир, и от покрова гемзенбергского порфира, который перекрывает шверцский порфир. Методически интересно то, что с помощью рентгеновой дифрактометрии можно различать плагиоклазовые и бедные плагиоклазом типы. Геологическая ситуация могла быть реконструирована с помощью геомагнитометрии.

Summary

By means of geological and mineralogical observations the endomorphism of the porphyry of Landsberg postulated by SCHÜLLER (1949) can be shown to be non-existent for the porphyry of Schwerz. The distribution of potash feldspars resembling sanidine does not depend on the vein of porphyry of Landsberg permeating the porphyry of Schwerz, as well as on the nappe of the porphyry of Gemsenberg superposing that of Schwerz. A fact of methodical interest ist that plagioclastic types can be distinguished from those poor in plagioclase by means of X-ray diffractometry. The geological situation could be reconstructed by means of geomagnetics.

Literatur

BAMBAUER, H. U.: Feldspatfamilie. — In: TRÖGER: Optische Bestimmungen der gesteinsbildenden Minerale. — Teil 2, 645—762 (1967).

BARTH, T. F. W.: Structure and volume relations of the alkalifeldspars mixed crystals. — Schweiz. mineral. pet. Mitt., **47**, S. 121 (1967).

GAEDEKE, R.: Beiträge zur Petrographie der porphyrischen Gesteine in Mitteldeutschland. — Wiss. Z. Martin-Luther-Univ. Halle-Wittenberg, math.-naturwiss. R., **9**, 115—130, Halle 1960.

GUBSER, R., & F. LAVES: On X-ray properties of "Adularia" $(K, Na)AlSi_3O_8$. — Schweiz. mineral. pet. Mitt., **47**, 177—188 (1967).

HAASE, E.: Die Probleme des Porphyrs von Schwerz. — Nova Acta Leopoldina, N. F., **10**, 283—310, Halle 1941.

KAEMMEL, T.: Kristallographisch-mineralogische Eignungsprüfung von Kalifeldspatphasen in Rhyolithen für die Radiogeochronometrie. — Ber. Geol. Ges., B, Berlin 1970.

KAMPE, A., J. LUGE & M. SCHWAB: Die Lagerungsverhältnisse am Nord- und am Westrand des Löbejüner Porphyrs bei Halle/Saale. — Geologie, **14**, 26—46, Berlin 1965.

KOCH, R. A.: Die Eruptionsfolgen und Ausbruchstellen der Halleschen Vulkanite. — Wiss. Z. Hochsch. Bauwes. Leipzig, Jg. 1966, 197—206, Leipzig 1966.

LASPEYRES, H.: Beitrag zur Kenntnis der Porphyre und petrographische Beschreibung der quarzführenden Porphyre in der Umgebung von Halle a. d. S. — Z. deutsch. geol. Ges., **16**, 367—460, Berlin 1864.

MEISSNER, B.: Bericht über Universaldrehtischmessungen an Plagioklaseinsprenglingen aus vulkanischen Gesteinen des Halleschen Permokarbonkomplexes. — Unveröff. Ber., Geofonds Berlin 1964.

PLAS, L. v. d.: The identification of detrital feldspars. — Amsterdam 1966.

SCHÜLLER, A.: Die Porphyre von Schwerz. Ein Beitrag zur Kenntnis der Endomorphose der Halleschen Porphyre. — Abh. geol. Landesanst., **213**, 15—20, Berlin 1949.

SCHULZ, J.: Beiträge zur Kenntnis des Rotliegenden und Karbon bei Halle und Wettin. — Jb. hallesch. Verb., N. F., **14**, 153—184, Halle 1936.

SCHWAB, M.: Tektonische Untersuchungen nördlich von Halle/Saale. — Freiberger Forsch.-H., C 139, 1—109, Leipzig 1965.

— Die Liparitformation des Südteils der DDR — Hallesches Vulkanitgebiet. — Unveröff. Ber., Geofonds Berlin 1968.

— Die Beziehungen der subsequenten Vulkanite des Permosiles zum varistischen Orogen, dargestellt unter besonderer Berücksichtigung des Halleschen Vulkanitkomplexes. — Geologie, **19**, 249—280, Berlin 1970.

SEYDEWITZ, H. J.: Über einige Magmatite im engeren Raum der Halleschen Mulde. — Mber. deutsch. Akad. Wiss., **3**, 503—523, Berlin 1961.

SIEGERT, CH.: Die zeitliche und räumliche Entwicklung des intermediären Vulkanismus im Halleschen Permokarbonkomplex. — Geologie, **16**, 889—900, Berlin 1967.

WAGNER, F. W.: Abschlußbericht über erdmagnetische Untersuchungen im Gebiet Hallesche Mulde — Regionalmessung. — Unveröff. Ber., VEB Geophysik Leipzig 1959.

Zeitschrift für angewandte Geologie, Bd. 16 (1970), Heft 11/12

Die Anreicherungsbedingungen von Brom in den unterirdischen Solen am Beispiel der hochmineralisierten Solen des Angara-Lena-Beckens

HANS-JÜRGEN VOIGT, Berlin

Im Zuge der Tiefenwassererkundung erwächst immer mehr die Notwendigkeit einer Analyse der Anreicherungsbedingungen der wichtigsten Spurenelemente in den unterirdischen Salzlösungen. Eines der häufigsten Spurenelemente ist dabei Brom. Die Untersuchungen über die Anreicherungs- und Migrationsbedingungen dieses Spurenelements in den Solen des Angara—Lena-Beckens ist für die Erkundung der Spurenelemente in den Tiefenwässern Norddeutschlands von Bedeutung, weil es sich in beiden Fällen um Wasserdrucksysteme vom Plattformtyp handelt und außerdem der Chemismus der Tiefenwässer Norddeutschlands ebenso wie in Ostsibirien im wesentlichen von mächtigen Salzablagerungen bestimmt wird. Die gewonnenen Erkenntnisse können für Analogieschlüsse bezüglich der Tiefenwässer des Norddeutschen Beckens übertragen werden.

Wie schon WERNADSKI feststellte, gehört Brom zu den typischen hydrogenetischen Elementen, d. h. zu den Elementen, deren Verbreitung und Migration eng mit den natürlichen Wässern verbunden sind. Außerdem ist heute allgemein bekannt, daß die höchsten Konzentrationen von Brom im Meerwasser und in den Solen tieferliegender salzwasserführender Horizonte anzutreffen sind, die in irgendeiner Weise mit Salzablagerungen in Verbindung stehen.

Um das Problem der Anreicherung von Brom in den unterirdischen Wässern zu lösen, muß man den Weg verfolgen, auf dem dieses Element aus dem Meerwasser in diese Solen gelangte und wie seine weitere Konzentrierung dort vor sich ging.

Viele Autoren (W. J. GUREWITSCH 1964, M. G. WALJASCHKO 1956, 1965 u. a.) sehen als Hauptprozeß für die Anreicherung von Brom das Eindampfen von Meerwasser an. Nach diesen Autoren erfolgt auf diese Weise eine Akkumulierung beachtlicher Mengen von Brom und anderer Spurenelemente (J, B, Sr) in der Mutterlauge.

Im Gebiet des Irkutsker Amphitheaters erreichte in der Usolsker und teilweise in der Belsker und Angarsker Zeit des Unteren Kambriums das Meer das Ausfällungsstadium von Carnallit. Folglich mußten die dortigen Becken Orte mit hoher Bromkonzentration und die Salzablagerungen jener Zeit in zunehmendem Maße mit Brom angereichert gewesen sein. Die Analysen über den Bromgehalt der Salze (W. S. OGIENKO 1959, 1965) bestätigen diese Schlußfolgerung.

M. G. WALJASCHKO (1965) konstruierte anhand einer großen Anzahl von Analysen aus heutigen Eindampfungsgebieten eine Abhängigkeitskurve des Br/Cl-Koeffizienten von der Eindampfungsstufe des Meerwassers (Abb. 1). Auf diese Kurve übertrug er chemische Analysen der unterirdischen Sole des Angara—Lena-Beckens und kam zu dem Schluß, daß diese Werte gut mit der Kurve übereinstimmen und deshalb angenommen werden kann, daß die Sole sedimentärer Herkunft sei. Es ist jedoch deutlich zu sehen, daß der größte Teil der Analysenwerte über der theoretischen Eindampfungskurve liegt, d. h., der Bromgehalt der Sole ist höher, als er sein müßte, wenn die Sole durch direkte Eindampfung des Meerwassers entstanden wäre. Es ist also erforderlich, die zusätzliche Quelle zu ermitteln, die als Ursache für die „überschüssige" Brommenge in Betracht zu ziehen ist.

Dazu ist einiges auszuführen, was nach der Bildung der gewaltigen Salzlager geschah. Die Mehrzahl der Wissenschaftler auf diesem Gebiet ist der Meinung, daß die porösen Salzablagerungen, die große Mengen an hochkonzentrierter Mutterlauge enthalten, schon auf den ersten Etappen der Diagenese stark zusammengepreßt wurden. Das führte zum Auspressen eines großen Teils der Mutterlauge in die über- und unterlagernden Schichten. J. K. SAIZEW errechnete, daß sich die Menge der aus den Usolsker Salzschichten migrierten Mutterlauge auf einige Dutzend km³ belief. Wie E. W. PINNEKER (1966) zeigt, veränderte und verdrängte die Mutterlauge in starkem Maße die unterlagernden syngenetischen Wässer der Motsker Folge. Innerhalb der Usolsker Salzfolge, in den isolierten karbonatischen Linsen, entstanden salzwasserführende Schichtenfolgen, die sich durch hohe piezometrische Drücke auszeichnen.

M. G. WALJASCHKO (1965) ist der Meinung, daß infolge der verschiedenen Dichten der Sole in den Salzablagerungen und in den unterlagernden weniger mineralisierten Salzlösungen eine Umgruppierung erfolgt. Die schwereren Solen streben nach unten, was seiner Ansicht nach in parallelen Strömungen verläuft. Die geringer mineralisierten Wässer werden dabei verdrängt.

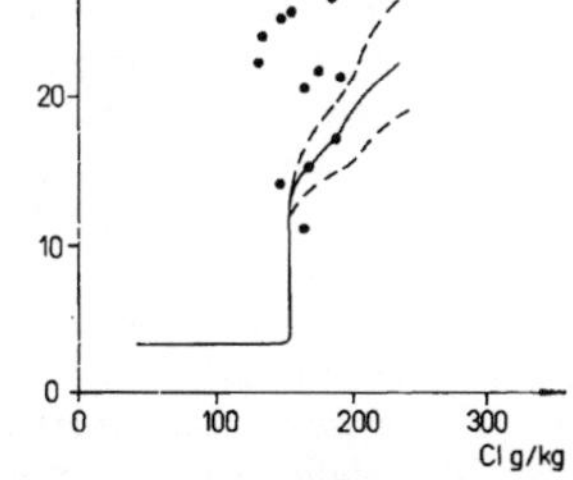

Abb. 1. Abhängigkeit des Br:Cl-Koeffizienten vom Evaporationsstadium

schwarze Punkte = Salzlösungen des subsalinaren Komplexes des Angara—Lena-Beckens (nach M. G. WALJASCHKO 1965)

Eingang des Manuskripts in der Redaktion: 21. 5. 1970.

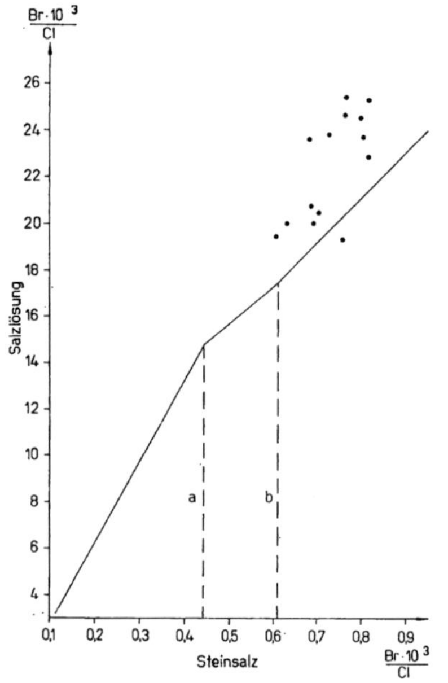

Abb. 2. Zusammenhang zwischen der Bromverteilung im Steinsalz und der Salzlösung (nach M. G. WALJASCHKO) mit eingetragenen Analysenwerten der Solen des Angara—Lena-Beckens

a — Beginn des Silvinstadiums, b — Beginn des Carnallitstadiums

Die Hypothese der parallelen Strömungen wird gegenwärtig von vielen Autoren stark kritisiert. Es ist nicht das Ziel dieser Arbeit zu untersuchen, welcher der beiden obengenannten Prozesse erstrangig vor sich geht; jedoch scheint es am wahrscheinlichsten, daß die Usolsker Sole durch Zunahme des geostatischen Druckes ausgepreßt wurde. Unabhängig davon, welcher der beiden Prozesse überwiegt, verlieren die Salzablagerungen den größten Teil ihrer Mutterlauge bei der Diagenese.

M. G. WALJASCHKO (1956) untersuchte die Verteilung von Brom und Jod in der festen und flüssigen Phase beim Eindampfen von Meerwasser. Er stellte fest, daß die Verteilung von Brom einer Gesetzmäßigkeit entspricht und jedem Salzmineral ein bestimmter Verteilungskoeffizient $\left(J_{Br} = \frac{\text{Konzentration von Brom im Salz}}{\text{Konzentration von Brom in der Lösung}}\right)$ zugeordnet werden kann. Er beträgt beispielsweise für Halit $J_{Br} = 0{,}037$, Silvin 0,200, Carnallit 0,320, Bischofit 0,420. Charakteristisch ist dabei, daß die Bromkonzentration mit zunehmender Eindampfung sowohl in der festen als auch in der flüssigen Phase immer mehr zunimmt.

M. G. WALJASCHKO untersuchte leider nur die Verteilung von Brom in den Salzablagerungen; es ist jedoch anzunehmen, daß ein gleiches Verteilungsgleichgewicht von Brom auch zwischen jedem beliebigen Gestein und den Tiefenwässern existiert. Der Unterschied besteht nur darin, daß dieser Koeffizient wahrscheinlich wesentlich kleiner sein wird als für Salzablagerungen, da, wie oben ersichtlich, mit steigender Konzentration des Meerwassers eine Koeffizientenzunahme zu verzeichnen ist. Folglich ist J_{Br} für Sedimentgesteine kleiner als $0{,}037 = J_{Br}$ für Halit. Eine überschlägliche Berechnung ergab für den Sandstein der Motsker Folge einen Verteilungskoeffizienten von ungefähr 0,020.

Demzufolge bestand also auch zwischen dem Bromgehalt der geringer mineralisierten Salzlösungen und den terrigenen Gesteinen des subsalinaren Komplexes ein bestimmtes chemisches Gleichgewicht. Wenn sich die abgepreßte Mutterlauge mit diesen Wässern vermischt, erfolgt eine Störung dieses Gleichgewichts, da die Brommenge in der flüssigen Phase gegenüber der entsprechenden Menge in der festen Phase überwiegt. Das Brom ist also bestrebt, in irgendeiner Form aus der Salzlösung herauszugehen. Dies geschieht in Form isomorpher Einschlüsse im Halit, der nach VOIGT beim Vermischen hochkonzentrierter Salzlösungen mit wenig konzentrierten ebenfalls ausfällt (WORONOW u. a. 1969). Diese Schlußfolgerung wird durch die Untersuchungsergebnisse von W. S. OGIENKO bestätigt, aus denen hervorgeht, daß die terrigenen Ablagerungen des subsalinaren Komplexes vielfach salzhaltig sind und eine größere Menge Brom enthalten, als das für diese Gesteine erwartet werden kann. Andererseits wird durch die Migration von Brom das Gleichgewicht der Sole mit den Salzlagern im Hangenden gestört, was zu einem Übergang von Brom aus den Salzablagerungen in die Lösung führt. Im Prozeß der Salzmetamorphose (LOTZE 1957, BORCHERT 1959 u. a.) erfolgte eine Umkristallisation der Salzschichten, wobei teilweise hochmineralisierte „Metamorphosationslaugen", reich an Magnesium mit entsprechenden Werten von Brom, frei wurden. Dies führte zu einer zusätzlichen Anreicherung von Brom in den Salzlösungen.

Unter Verwendung der von M. G. WALJASCHKO (1956) bestimmten spezifischen Br:Cl-Beziehung im Halit wurde ein Änderungsdiagramm des Br:Cl-Koeffizienten im Halit mit zunehmendem Br:Cl-Koeffizienten der Salzlösung konstruiert (Abb. 2). In dieses Diagramm wurden die entsprechenden Analysen für das Irkutsker Amphitheater aufgetragen. Die Br : Cl-Verhältnisse im Salz der Usolsker Folge wurden dabei von W. S. OGIENKO (1959) übernommen, die Br : Cl-Verhältnisse der Solen aus den Analysen der Irkutsker Forschungsgruppe des Moskauer Geologischen Erkundungsinstituts „S. Ordshonikidse" bestimmt. Die Abbildung bestätigt die Schlußfolgerung, daß die Salzablagerungen der Usolsker Folge heute wesentlich ärmer an Brom sind als zu ihrer Entstehungszeit.

Mit der Migration der Mutterlauge in die Speicherhorizonte ist die Anreicherung von Brom in den karbonatischen Linsen des intrasalinaren Komplexes abgeschlossen. Das wird dadurch bestätigt, daß die höchsten Bromkonzentrationen in der Sole in Gebieten vorkommen, in denen die höchsten Bromgehalte in den Salzen sowie maximale piezometrische Drücke festgestellt wurden.

Ein völlig anderes Bild ist jedoch in den Solen des subsalinaren Komplexes zu erwarten. Im Unterschied zu den isolierten und ihren Ausmaßen nach kleinen karbonatischen Linsen in den Salzschichten zeichnen sich die terrigenen Folgen des subsalinaren Komplexes durch gut ausgeprägte und anhaltende salzwasserführende Schichten aus. Einen wesentlichen Einfluß auf die chemische Zusammensetzung der Sole haben hier die heutigen hydrodynamischen Bedingungen, die Metamorphosationsprozesse der unterirdischen Wässer und andere Faktoren.

Untersuchen wir zunächst den Einfluß der Infiltra-

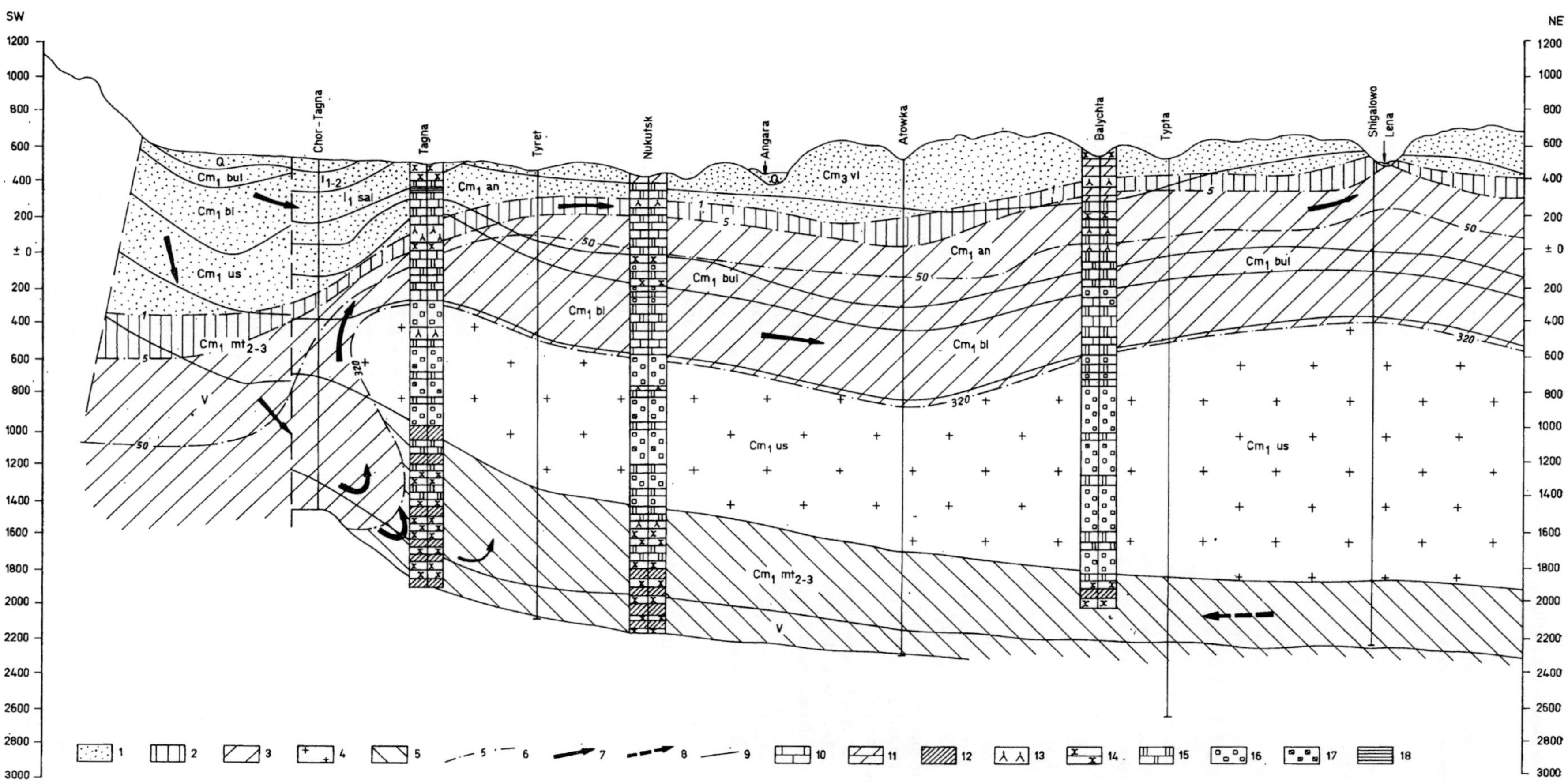

Abb. 3. Schematischer hydrogeologischer Schnitt durch das Angara—Lena-Becken

1 — Süßwässer vom Typ Ca-HCO_3 oder Na-HCO_3, 2 — salzige Wässer, vorwiegend vom Typ Na-SO_4 oder Ca-SO_4, 3 — Salzlösungen vom Typ Na-Cl, 4 — Salzlösungen vom Typ Ca-Cl, 5 — Salzlösungen vom Typ Ca-Na-Cl, 6 — Isolinien der Mineralisation der Solen bzw. Wässer, 7 — Fließrichtung, 8 — wahrscheinliche Fließrichtung, 9 — geostratigraphische Grenzen, 10 — Kalkstein, 11 — Mergel, 12 — Schluffstein, 13 — Anhydrit bzw. Gips, 14 — Sandstein, 15 — Dolomit, 16 — Steinsalz, 17 — Kalisalz, 18 — Tone

tionswässer auf den Bromgehalt der Grundwässer des subsalinaren Komplexes. J. K. GAWITSCH (in WORONOW u. a. 1958) bewies, daß das den geologischen Bedingungen am besten entsprechende hydrodynamische Schema ein solches vom Typ eines artesischen Hanges mit geschlossener Grenze ist. Die Bewegung der Infiltrationswässer kann man sich wie folgt vorstellen: Sie dringen im unteren Teil des subsalinaren Komplexes in die terrigenen Ablagerungen ein und vermischen sich dort mit den Schichtwässern. Ein Teil des Mischwassers bewegt sich im oberen Teil des Komplexes in Richtung auf das Einzugsgebiet zurück und strömt in Gebieten, in denen die überlagernden Salzschichten durch karbonatische Ablagerungen ersetzt sind, in die Wässer des postsalinaren Komplexes über. Der andere Teil des Mischwassers dringt weiter in die Schicht ein, wo sich der obenbeschriebene Prozeß wiederholt. Dies geschieht so lange, bis die einströmenden Infiltrationswässer verbraucht sind. Nach Berechnungen von J. K. GAWITSCH schließt ein voller Rücklaufzyklus der Infiltrationswässer seit der Kreide ungefähr eine Fläche von 100 bis 200 km vom Einzugsgebiet aus ein (Abb. 3). Das bedeutet jedoch nicht, daß die Infiltrationswässer keinen Einfluß auf die tieferen Solen haben. Völlig unvermischte metamorphosierte Sedimentationssalzlösungen sind wahrscheinlich nur in den zentralen Teilen des Beckens anzutreffen.

Das Eindringen der Infiltrationswässer, die arm an Brom sind, bewirkt das Lösen der sekundären Salze. Gleichzeitig mit ihnen gelangt isomorph gebundenes Brom in die Wässer und bewegt sich dort gemeinsam mit diesem nach den Gesetzen der Hydraulik. Wie oben gezeigt wurde, ist jedoch eine aktive Bewegung der Grundwässer nur in den Randgebieten des Beckens zu verzeichnen. In seinen anderen Teilen ist ihre Bewegung äußerst gering. Deshalb besteht die Hauptbedeutung der Infiltrationswässer bei der Bildung der chemischen Zusammen-

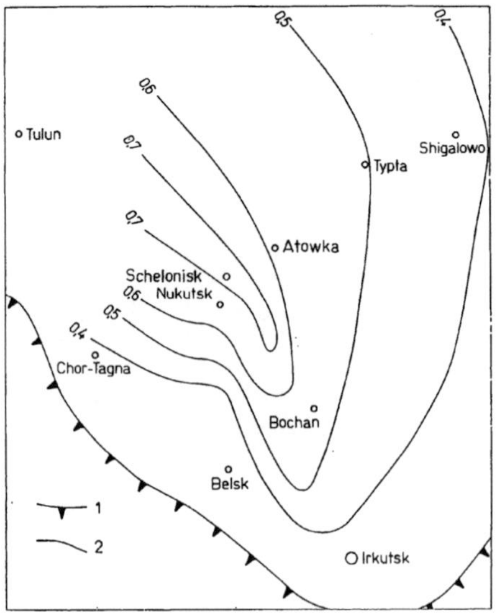

Abb. 5. Verteilung des Br · 10^3 : Cl-Koeffizienten im Steinsalz des Angara—Lena-Beckens

(nach W. S. OGIENKO 1959)

1 — Grenze der Ostsibirischen Plattform, 2 — Isolinien des Br · 10^3/Cl-Koeffizienten

setzung der Wässer im Lösen der sekundären Salze, im Auslaugen der primären Salzschichten und im Mischen mit den Sedimentationswässern. In den Gebieten, die jedoch nicht oder nur wenig von den Infiltrationswässern beeinflußt werden, d. h. in Gebieten mit äußerst geringem Wasseraustausch, muß nach anderen Verteilungsgesetzmäßigkeiten gesucht werden. Zu diesem Zweck wurde eine Korrelationsanalyse der Bromkonzentration vom Kalziumgehalt (Abb. 6) und von der Gesamtmineralisation der Salzlösungen (Abb. 7) durchgeführt. Außerdem ist in Abb. 4 eine schematische hydrochemische Karte des untersuchten Gebiets wiedergegeben.

Wir haben oben festgestellt, daß, wenn keine Umverteilung des Broms in den Schichtwässern erfolgt, seine Konzentration dort am höchsten ist, wo maximale Bromkonzentrationen im Salz anzutreffen sind.

Ein Vergleich der schematischen hydrogeochemischen Karte mit der schematischen Karte des Br : Cl-Koeffizienten (nach W. S. OGIENKO) in den Salzschichten (Abb. 5) zeigt, daß einerseits eine gewisse Ähnlichkeit besonders in den Randgebieten zu erkennen ist. Auf beiden Karten nimmt der Bromgehalt zunächst zum Beckenzentrum hin zu; das Maximum des Bromgehalts (entsprechend hoher Br : Cl-Koeffizient) im Salz beobachtet man im Gebiet Nukutsk—Schelominsk, während der Bromgehalt der Sole mit zunehmender Teufe der Schicht weiter ansteigt.

D. S. SOKOLOW, A. J. SAMOILOW & A. B. WORONOW (1968) u. a. zeigten, daß Brom auf Grund seiner physikalisch-chemischen Eigenschaften im Prozeß der Selbstdiffusion in jene Gebiete wandern wird, in denen die Beweglichkeit seiner Teilchen am geringsten ist, d. h., wo der Effekt „der Bewässerung" vorherrscht. Die „Bewässerung" der Bromionen wird durch Druckerhöhungen,

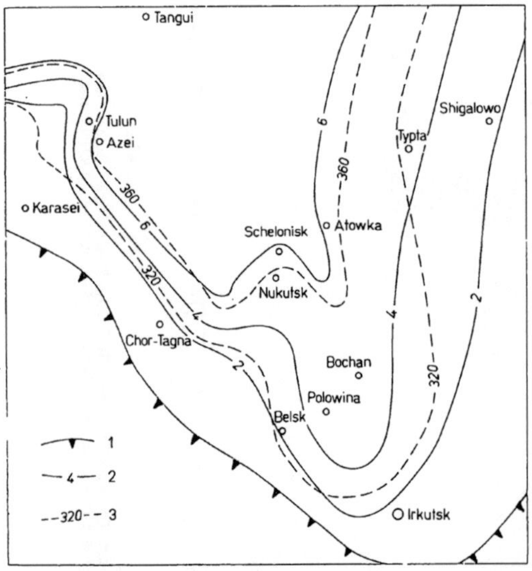

Abb. 4. Schematische hydrogeochemische Karte des Südteils des Angara—Lena-Beckens

1 — Grenze der Ostsibirischen Plattform, 2 — Isolinien des Bromgehalts (g/l) der Sole, 3 — Isolinien der Mineralisation (g/l) der Sole

durch erhöhte Konzentration der Lösungen und durch das Vorherrschen von Erdalkalielementen in ihnen bestimmt. Die erhaltenen Korrelationsdiagramme stimmen mit diesen Schlußfolgerungen überein. Folglich kann die Bromzunahme mit zunehmender Teufe der salzwasserführenden Schichten des subsalinaren Komplexes (gleichzeitig nehmen auch die Gesamtmineralisation und der Gehalt der Erdalkalimetalle in den Salzlösungen zu) dadurch erklärt werden, daß eine Migration der Bromionen aus den Randgebieten in die zentralen, am tiefsten liegenden Teile des Beckens durch Selbstdiffusion hervorgerufen wird.

Als zusätzlicher Beweis für die Richtigkeit dieser Aussage kann noch der Faktor gewertet werden, daß nach den Gesetzen der Selbstdiffusion Bor in den Randgebieten des Beckens anzutreffen sein müßte, wo Chlor-Natriumsalze vorherrschen, was sich anhand der chemischen Analysen der Solen auch bestätigt.

Zusammenfassend können folgende Schlußfolgerungen über die Anreicherung von Brom in den hochkonzentrierten Salzlösungen des Angara—Lena-Beckens gezogen werden:

1. Die primäre geochemische Anreicherung von Brom erfolgt im Prozeß der Evaporation von Meerwasser, wobei Salzlösungen bedeutender Konzentrationen entstehen.

2. Im Verlauf der Diagenese und der nachfolgenden geologischen Entwicklung verlieren die Salzablagerungen die „Mutterlauge", was auf der einen Seite zu einer Bromabnahme im Salz und andererseits zu einer Bromanreicherung der Tiefenwässer und der sie umgebenden Speichergesteine führt.

3. In den isolierten karbonatischen Linsen der Usolsker Salzfolge ist die Bromkonzentration dort am größten, wo in den umlagerten Salzen maximale Bromgehalte anzutreffen sind. Hieraus ist ersichtlich, daß diese Salzlösungen sedimentäre Reliktwässer sind.

4. Abweichungen von dieser Regel treten dort auf, wo in den Linsen äußerst hohe piezometrische Drücke vorhanden sind. Diese können ebenfalls zu einer maximalen Anreicherung von Brom führen. In solchen Fällen ist fast das gesamte Brom des umgebenden Salzes in die Lösung übergegangen.

5. Die Verteilung von Brom in der Zone des äußerst geringen Wasseraustauschs im subsalinaren Komplex wird durch die Gesetze der Selbstdiffusion bestimmt, die sich wie folgt äußern:

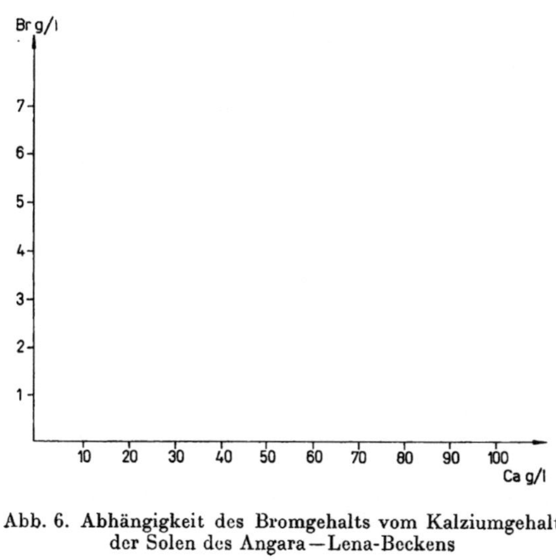

Abb. 6. Abhängigkeit des Bromgehalts vom Kalziumgehalt der Solen des Angara—Lena-Beckens

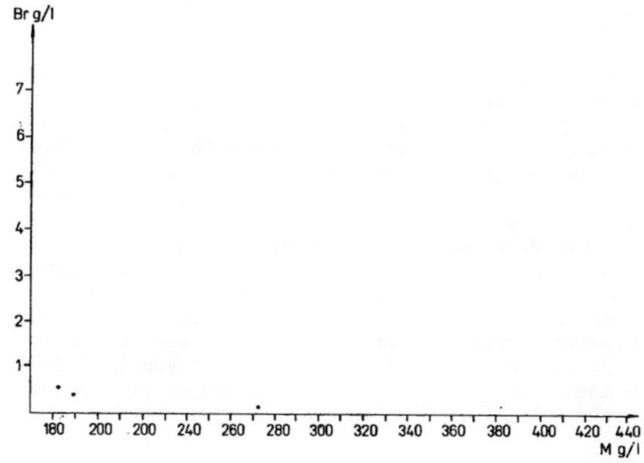

Abb. 7. Abhängigkeit des Bromgehalts (g/l) der Salzlösungen des subsalinaren Komplexes von der Gesamtmineralisation der Sole

a) Brom migriert aus Gebieten mit geringer mineralisierten Wässern in Gebiete mit höher mineralisierten Wässern.

b) Druckerhöhungen verstärken den „Bewässerungseffekt", d. h., Brom bewegt sich in Richtung auf Gebiete, die den höchsten Druck aufweisen.

c) Erdalkalimetalle begünstigen die Anreicherung von Brom.

6. Maximale Bromkonzentrationen der Solen sind in den am tiefsten gelegenen Teilen eines Beckens zu erwarten. Lokale Bromanomalien sind auf hohe Bromkonzentrationen in den hangenden Salzablagerungen zurückzuführen.

Analoge Gesetzmäßigkeiten bezüglich der Bromanreicherung in den unterirdischen Solen sind auch für die Tiefenwässer des Norddeutschen Beckens zu erwarten.

Zusammenfassung

Bei der Erkundung der hochmineralisierten unterirdischen Salzlösungen wird die Frage nach der Kenntnis allgemeingültiger Anreicherungs- und Migrationsbedingungen der einzelnen Spurenelemente in der Lösung immer aktueller. Brom, das ein typisches hydrogenetisches Element ist, gehört zu den am häufigsten in größeren Konzentrationen in den Solen auftretenden Spurenelementen. Sein Verhalten bei der Halogenese, bei der sich anschließenden Diagenese sowie sein Verhalten in der Zone des äußerst geringen Wasseraustausches wird am Beispiel des Angara—Lena-Beckens untersucht. Deutlich spiegeln sich dabei die unterschiedlichen hydrogeologischen Bedingungen des intra- und subsalinaren Komplexes im Chemismus der Salzlösungen wider. Die gewonnenen Erkenntnisse sind auf Grund der analogen hydrogeologischen Bedingungen zum größten Teil auf die Tiefenwässer des Norddeutschen Beckens übertragbar.

Резюме

При разведке высокоминерализованных подземных рассолов все острее стоит вопрос о выявлении общих условий накопления и миграции отдельных микрокомпонентов в растворе. Бром, являясь типичным гидрогеническим элементом, относится к наиболее часто в высокоминерализованных рассолах встречающимся микрокомпонентам. Его поведение при галогенезе, при последующем диагенезе, а также его поведение в зоне весьма замедленного водообмена рассматривается на примере Ангара-Ленского артезианского бассейна. Четко выражаются разные гидрогеологические условия меж- и подсолевого комплексов в химизме рассолов. Полученные выводы по аналогичным гидрогеологическим условиям по большей части можно перенести и на рассолы Северогерманского бассейна.

Summary

In the exploration of highly mineralized subterranean salt solutions a more and more topical problem is that of the knowledge of universal conditions of enrichment and migration of individual trace elements within the solution. Bromine, a typical hydrogenetic element, belongs to the trace elements most frequently found in major concentrations in brines. Its behaviour during the halogenesis, the following diagenesis, as well as in the zone of extremely low water exchange, is illustrated by the example of the Angara-Lena basin. The different hydrogeological conditions of the intrasaliniferous and subsaliniferous complex are clearly reflected by the chemism of the salt solutions. New knowledge was obtained and owing to similar hydrogeological conditions can to its major part be transferred to the deep waters of the North German basin.

Literatur

BORCHERT, H.: Ozeane Salzlagerstätten. – Verl. Gebr. Borntraeger, Berlin 1959.
GUREWITSCH, W. I.: Über die Verteilung des Broms in den Chloritwässern. – Raswedka i ochrana nedr, Nr. 1 (1961).
– Der Einfluß der Temperatur auf den Bromgehalt der unterirdischen Wässer. – Ber. AN SSSR, B. 158, Moskau 1969.
KONONOW, W. I.: Zur Frage des Einflusses der Temperatur und des Drucks auf die Verteilung der Ionen in natürlichen Lösungen. In Sammelbd.: Die Bedeutung der strukturellen Besonderheiten des Wassers und der wäßrigen Lösungen für die geologische Interpretation. – Moskau 1968.
KRASINZEWA, W. W.: Hydrogeochemie von Chlor und Brom. – Verl. Nauka, Moskau 1968.
KUSNEZOW, A. M., & G. A. MAKSIMOWITSCH: Über die Gesetzmäßigkeiten der Anreicherung von Brom in den unterirdischen Salzlösungen. – Ber. AN SSR, B. 138, Nr. 5 (1961).
LOTZE, F.: Steinsalz und Kalisalze. – Teil 1, Verl. Gebr. Borntraeger, Berlin 1957.
MÜLLER, E. P.: Zur Geochemie der Tiefenwässer und der organischen Substanz im Nordteil der DDR. – Z. angew. Geol., 15, 3, Berlin 1969.
OGIENKO, W. S.: Die Verteilung von Brom im Steinsalz des Angara–Lena-Beckens und die Möglichkeit des Auffindens von Kalisalzen. – Geochimija, Nr. 8 (1959).
– Die Verteilung von Brom im Steinsalz des Irkutsker Amphitheaters und die Möglichkeit des Auffindens von Kalisalzen. In Sammelbd.: Die Perspektive der Kalihöffigkeit der Salzablagerungen Sibiriens. – Nowosibirsk 1965.
PINNEKER, E. W.: Die Salzlösungen des artesischen Angara–Lena-Beckens. – Verl. Nauka, Moskau 1966.
SAMOILOW, O. J.: Die Struktur der wäßrigen Lösungen von Elektrolyten und die Hydration der Ionen. – Verl. AN SSSR, Moskau 1957.
SAMOILOW, O. J., & D. S. SOKOLOW: Der Einfluß der Natrium- und Kalziumionen auf die Migratation von Bor in den unterirdischen Wässern. – Ber. AN SSSR, B. 133, Nr. 6 (1960).
SOKOLOW, D. S., O. J. SAMOILOW & A. B. WORONOW: Die Anwendung der Aussalzungstheorie bei der Untersuchung der Migration der Mikrokomponenten in den Tiefenwässern. In Sammelbd.: Die Bedeutung der strukturellen Besonderheiten des Wassers und der wäßrigen Lösungen für die geologische Interpretation. – Moskau 1968.
WALJASCHKO, M. G.: Die Geochemie von Brom bei der Halogenese. – Geochimija, Nr. 6 (1956).
WALJASCHKO, M. G., A. I. POLYWANOWA & I. K. SHEREBSOWA: Geochemie und Genesis der Salzlösungen des Irkutsker Amphitheaters. – Verl. Nauka, Moskau 1965.
WORONOW, A.B.: Einige Besonderheiten der Migration von Brom in den unterirdischen Salzlösungen. In Sammelbd.: Die Bedeutung der strukturellen Besonderheiten des Wassers und der wäßrigen Lösungen für die geologische Interpretation. – Moskau 1968.
WORONOW, A. B., I. K. GAWITSCH & H. J. Voigt: Forschungsbericht der Irkutsker Hydrogeologischen Forschungsgruppe des Moskauer Geologischen Erkundungsinstituts „S. Ordshonikdse". – MGRI (1969).
AUTORENKOLLEKTIV: Geologie der UdSSR, Band XII: Irkutsker Gebiet. – Verl. Nedra, Moskau 1963.
– Hydrogeologie der UdSSR, Bd. XVII: Irkutsker Gebiet. – Verl. Nedra, Moskau 1968.

Grundzüge des geologischen Baues Armeniens und seiner mineralischen Ressourcen

S. A. MOWSESJAN, Jerewan

Das Territorium Armeniens gehört zur axialen Zone des Taurisch-Kaukasischen Orogens, das als geosynklinales Gebiet auf altem Tafelfundament präkambrischen Alters im Süden und unterpaläozoischen Alters im Norden angelegt ist. Stratigraphisch sind in Armenien sedimentäre und vulkanogen-sedimentäre Gesteine des Silurs (?)—Devons bis zum Antropogen einschließlich vertreten. Die größten Mächtigkeiten haben die Karbonatgesteine des Paläozoikums und die vulkanogen-sedimentären Schichtenfolgen des Juras, der Kreide und des Paläogens, die intensiv gefaltet sind (Falten kaukasischer — nordwestlicher — Streichrichtung) und von regionalen Brüchen durchzogen werden.

Das Territorium der Armenischen SSR war der Schauplatz gewaltiger magmatischer Tätigkeit sowohl in seiner effusiven als auch intrusiven Form. Effusiva, hauptsächlich Porphyrite, Basalte und Andesite, sind im Devon, in der Kreide, dem Jura, dem Eozän, im Mio-Pliozän und im Quartär stark verbreitet. Intrusiver Magmatismus — Hyperbasite und Gabbro — äußerte sich von der Kreide bis zum Eozän und besonders stark durch Granitoide verschiedenen, jedoch hauptsächlich tertiären Alters.

Dank der breiten Entfaltung der geologischen Arbeiten nach der Festigung der Sowjetmacht in Armenien wurden in der Republik viele Lagerstätten der verschiedensten Rohstoffe entdeckt, sowohl metallische als auch nichtmetallische.

Eingang des Manuskripts in der Redaktion: 25. 6. 1970.
Übers.: F. STAMMBERGER, Berlin.
Die Zwischenüberschriften wurden von der Redaktion eingefügt.

Erzlagerstätten

Unter den Erzlagerstätten Armeniens überwiegen entschieden endogene und insbesondere hydrothermale Lagerstätten. Die endogene Vererzung ist an verschiedene stratigraphische Horizonte der meso-känozoischen vulkanogen-sedimentären Bildungen sowie an die Intrusivmassive gebunden.

Besonders große industrielle Bedeutung haben die Kupfer-Molybdän-, Gold- und Blei-Zink-Lagerstätten sowie Lagerstätten der Nephelin-Syenite. Auf dieser Basis wurden bereits oder werden Montanbetriebe errichtet.

Die industrielle Bedeutung entdeckter Eisenerzlagerstätten wurde nachgewiesen; die große Perspektivität der metamorphogenen Titanlagerstätten (Rutil) wurde festgestellt. Die entdeckten Chromitlagerstätten und Manganvererzungen müssen nochmals überprüft werden.

In letzter Zeit wurden in Armenien Lagerstätten und Vererzungen einer Reihe anderer Bunt- und Legierungsmetalle entdeckt: Antimon, Quecksilber, Wismut, Arsen, Nickel, Kobalt, Wolfram u. a. Auf Grund der geologischen Verhältnisse, in denen sie angetroffen wurden, kann damit gerechnet werden, daß auch die Entdeckung industrieller Konzentrationen möglich ist.

Es wurde ein breites Spektrum seltener und disperser Elemente festgestellt, von denen besondere Bedeutung Rhenium, Selen, Tellur, Kadmium, Germanium, Indium, Gallium, Tallium und die Seltenen Erden haben.

Es wurde eine Klassifikation der industriellen Typen der Erzlagerstätten Armeniens vorgenommen, nach der sich für die komplexen Kupfer-Molybdän-Lagerstätten insgesamt fünf industrielle Typen ergeben, von denen die größte Bedeutung Stockwerke in Granitoiden und Stockwerkzonen in alumosilikatischen Schichtfolgen im Hangenden der Intrusiva besitzen. Bei den Kupfer- und Kupferkieslagerstätten werden ebenfalls fünf Typen unterschieden. Führend sind kupferführende Stockwerkszonen in vulkanogen-sedimentären Schichtfolgen, Stöcke, Linsen und schichtartige Körper sowie kupferführende Gänge in den vulkanogen-sedimentären Schichtfolgen.

Die industriellen Blei-Zink-Lagerstätten sind hauptsächlich durch Gänge und Zonen sowie Stöcke, Linsen und schichtartige Erzkörper in den alumosilikatischen Gesteinen vertreten.

Unter den Goldlagerstätten haben goldführende Stockwerkszonen und goldsulfidische Gänge mit Telluriden in beritisierten und listvenitisierten Gesteinen industrielle Hauptbedeutung.

Bei den Eisenerzlagerstätten seien die magmatischen, kontaktmetasomatischen und hydrothermalen Typen erwähnt, die die größte Bedeutung haben. Werden die Lagerstätten des Kupfers, Molybdäns, Golds, Eisens und einiger anderer Metalle mit den in der Welt bekannten verglichen, so zeigt sich, daß in Armenien eine ganze Reihe wichtiger industrieller Lagerstättentypen vertreten ist, solche, die sich in anderen Ländern in der Praxis sehr bewährt haben.

Metallogenie

Große wissenschaftliche und praktische Bedeutung haben in Armenien Forschungen auf dem Gebiet der Metallogenie, weil ihre Ergebnisse als Grundlage für die Tiefenerkundung dienen müssen, die auf die Entdeckung verdeckter Lagerstätten ausgerichtet ist.

Die sich gegenwärtig herausgebildete Vorstellung über die Gesetzmäßigkeiten der Verteilung der Erzlagerstätten Armeniens ist das Ergebnis der Arbeit eines großen Geologenkollektivs. Leider sind infolge fehlender Fakten nicht alle Fragen endgültig geklärt; einige Fragen blieben nach wie vor umstritten.

So unterscheiden einige Forscher in Armenien drei metallogenetische Gürtel: den Alawerdi—Kafanischen Gürtel der Kupferkiesvererzung, den Pambak—Sangesur-Gürtel der Kupfer-Molybdän-Vererzung und den zwischen ihnen liegenden Sewan—Amasijsker Gürtel, in dem die an Hyperbasite gebundene Chromitvererzung überwiegt, sowie die Gold-, Quecksilber-, Antimon- und Arsenvererzungen, die mit Granitoiden in Verbindung stehen.

Nach Meinung der Autoren, die diese struktur-metallogenetischen Gürtel hervorheben, unterscheiden sich diese schroff voneinander durch ihren geologischen Bau, die Geschichte ihrer Bildung, den Magmatismus und die Metallogenie.

Innerhalb dieser Erzgürtel unterscheiden die Vertreter dieser Vorstellungen 6 bis 7 magmatische Zyklen, wobei jeder von diesen genetisch mit einer Vererzung verknüpft wird. Der ganze Vererzungsprozeß wird in die gleiche Anzahl metallogenetischer Epochen eingeteilt.

Eine andere Forschergruppe teilt diesen Standpunkt nicht und hält sowohl die Vorstellung über die gürtelartige Verteilung der Lagerstätten mit der jedem Gürtel eigenen spezifischen Vererzung, über das unterschiedliche Alter der Kupfer- und Kupfer-Molybdän-Lagerstätten ebenso wie die übertriebene Untergliederung der Erzbildungsprozesse mit der Aussonderung zahlreicher magmatischer Zyklen und metallogenetischer Epochen auf einem so relativ kleinen Territorium, wie es Armenien darstellt, für unbegründet.

Die Begründung für eine solche Schlußfolgerung ergibt sich aus einer Reihe von Fakten und besonders aus der großen Ähnlichkeit der metallogenen Gürtel sowie der innerhalb dieser Gürtel oder Zonen entdeckten Lagerstätten solcher Metalle, die für diese Zonen als „verboten" betrachtet wurden. Die zu beobachtende Zonalität der Vererzung in den Erzgürteln, die zu bestimmten tektonischen Blöcken Armeniens tendieren, wobei in den einen Gürteln in untergeordnetem Umfang Lagerstätten auftreten, die in anderen Gürteln dominieren und typisch sind, kann mit der unterschiedlichen geologischen Entwicklung eines jeden dieser Blöcke erklärt werden.

Große Bedeutung für die Altersbestimmung der ganzen Vererzung haben neue unbestreitbare Fakten, aus denen folgt, daß sich viele endogene Vererzungen und Erzlagerstätten Armeniens in der Zeit vom mittleren Miozän bis zum unteren Pliozän gebildet haben. Das neue Faktenmaterial stimmt folglich gut mit der Vorstellung überein, daß in einer einheitlichen Etappe (in einer Reihe aufeinanderfolgender Stadien) die überwiegende Menge endogener Vererzungen am Ende des tektonomagmatischen Zyklus, der in der alpidischen Epoche endete, gebildet wurde. Bei der Verteilung der Vererzung tritt deutlich die kontrollierende Rolle großer disjunktiver Störungen und plikativer Strukturen hervor sowie der mit ihnen verbundenen Transversalstörungen und Zerrüttungszonen.

Große Bedeutung für die Lokalisierung der Vererzung haben die lithologische Zusammensetzung und die physikochemischen Eigenschaften der erzführenden Gesteine, wenn sie günstig mit magmatischen und tektonischen Faktoren kombiniert sind.

Insgesamt beträgt die vertikale Reichweite der Vererzung (die kritische Zone) für alle Erzgebiete Armeniens 1750 Meter (von +500 bis +2250 m); wird die Kupferkiesvererzung berücksichtigt, die in einer Basisbohrung in der Nähe von Jerewan angetroffen wurde, erreicht diese vertikale Reichweite sogar 3000 m und mehr.

Die neuen metallogenetischen Daten sind ausreichend, um eine günstige Einschätzung der Perspektiven Armeniens hinsichtlich der Erzführung zu begründen. Aus der Möglichkeit der Entdeckung endogener Vererzungen in allen tektonischen Blöcken und innerhalb des ganzen Profils bis in die jüngsten Schichtfolgen, natürlich bei Berücksichtigung der geologisch-strukturellen Besonderheiten, der Tiefe des Erosionsanschnitts, der räumlichen Zonalität und anderer Faktoren, erweitert sich die perspektivische Fläche für die Lagerstättensuche metallischer Rohstoffe wesentlich.

Auf der Basis der reichen Erzressourcen ist in Sowjetarmenien eine recht leistungsfähige Montan- und Hüttenindustrie geschaffen worden.

Historischer Rückblick

Wenn man von der Gegenwart ein wenig abschweift, so muß festgestellt werden, daß in Armenien die Wurzeln des Bergbaus und der Metallverhüttung bis in die Vorzeit zurückreichen. Archäologische Ausgrabungen haben festgestellt, daß auf dem Territorium Armeniens schon am Ende des sechsten Jahrtausends v. u. Z. Kupfer gewonnen und Arbeitsgeräte, Waffen und Schmuck hergestellt wurden. In der Bronzezeit (3. bis 2. Jahrtausend v. u. Z.) wurden hochwertige Bronzegegenstände hergestellt, die in allen Sphären des materiellen Lebens in großem Umfang eingesetzt wurden. Die ersten Gegenstände und Waffen aus Eisen örtlicher Produktion stammen aus dem 12. bis 11. Jahrhundert v. u. Z. Eine nicht weniger lange Geschichte hat die Gold-, Silber- und Bleigewinnung.

Für die lange Geschichte des Bergbaus und der Metallurgie Armeniens zeugen nicht nur die historische Überlieferung und verschiedene Gegenstände aus Metall und Legierungen, die bei archäologischen Ausgrabungen gefunden wurden, sondern auch zahlreiche uralte Stätten der bergmännischen Gewinnung, bergmännisches Handwerkszeug zur Gewinnung der Erze, ihrer Zerkleinerung und Verarbeitung sowie auch Reste zerstörter Schmelzöfen, Schmieden sowie Halden metallurgischer Schlacken an vielen Orten der Republik.

Der Bergbau und die Verhüttung entwickelten sich in Armenien mit bestimmten Unterbrechungen, die durch fremde Eroberer und die Zerstörung des Landes verursacht worden waren.

Vor der Revolution wurde die höchste Kupferproduktion in Armenien im Jahre 1913 erreicht, sie betrug 5620 t. Zu dieser Zeit war die Kupferindustrie der führende Industriezweig. Ihr Anteil an der Produktion der Großindustrie machte 60% aus. In der folgenden Zeit, in Verbindung mit dem ersten imperialistischen Krieg und dem Bürgerkrieg, sank die Kupferproduktion; 1918 kam sie völlig zum Erliegen.

Erst nach dem Sieg der Großen Sozialistischen Oktoberrevolution und der Festigung der Sowjetmacht in Armenien und als ihr Ergebnis nahmen die Montanindustrie und die Buntmetallurgie ihre Tätigkeit wieder auf und erhielten breiten Raum für ihre stürmische Entwicklung. Neben der Rekonstruktion und Erweiterung der früher bereits arbeitenden Betriebe der Kupferindustrie wurden auf der Basis der in den Jahren der Sowjetmacht entdeckten reichen Rohstoffressourcen neue Zweige der Buntmetallurgie (wie der Molybdän-, Aluminium-, Gold-, seltene Metall-Metallurgie u. a.) geschaffen und werden noch immer geschaffen.

Die jüngste Entwicklung

Gegenwärtig sind die Montanindustrie und die Buntmetallurgie führende Industriezweige Sowjetarmeniens. Es werden raffiniertes Kupfer, Molybdän-, Blei- und Zinkkonzentrate, Gold und Silber, Selen und Tellur gleichzeitig mit Metallen und einigen chemischen Produkten, wie Kupfervitriol, Schwefelsäure u. a., produziert. Die Gesamtproduktion des Zweiges übertrifft das 1913 erreichte Niveau um das 35fache. Zu den führenden Betrieben gehören das Kadsharansker und Agaraksker Kupfer-Molybdän-Kombinat, die Achtaler Erzvereinigung, das Alawerder Kupfer-Chemische Kombinat und die Kanaker Aluminiumfabrik. Von den größten Neubauten sollen hier das Radansker Montan-Chemische Kombinat erwähnt werden, das auf der Basis außergewöhnlich reicher Nephelinsyenitlager und Travertine Tonerde für die Aluminiumindustrie sowie Zement und andere chemische Produkte herstellen wird, ferner das Sodsker Golderzkombinat, das auf der Basis der gleichnamigen unikalen Lagerstätte errichtet wird, sowie andere.

Die entdeckten Ressourcen an Eisenerzen und günstige ökonomische Bedingungen gestatten, die Frage über die Schaffung einer Schwarzmetallurgie in Armenien zu stellen. In Jerewan wird gegenwärtig ein metallurgischer Experimentalbetrieb errichtet, um die ausgearbeiteten technologischen Schemata zur Produktion technisch reinen Eisens aus den örtlichen Eisenerzen, die Produktion von Spezialstahl und Legierungen sowie die Produktion von Eisenpulver hoher Reinheit zu überprüfen.

Die Montanindustrie und die Metallurgie der Armenischen SSR verfügen über eine mächtige Rohstoffbasis für ihre zukünftige Entwicklung, für die permanente Erhöhung der Produktion der gegenwärtig hergestellten Metalle und für die Organisierung der Förderung neuer Buntmetalle, Legierungsmetalle, Schwarz- und Edelmetalle sowie seltener Metalle.

Trotz der steigenden Erzförderung wachsen infolge starker Ausweitung der geologischen Erkundungsarbeiten auch die industriellen Vorräte an Kupfer, Molybdän Gold und anderen Metallen ununterbrochen.

Prognosen und Perspektiven

Das Studium der Strukturen der Erzfelder, Lagerstätten und Erzkörper, des Baues der Flanken und tiefen Horizonte der erkundeten und genutzten Lagerstätten, der geochemischen und lithologischen Faktoren, die die Vererzung kontrollieren, sowie die Analyse der Daten zur primären Zonalität, der Tiefe des Erosionsanschnitts und die Bestimmung — in jedem einzelnen Falle — der möglichen Bildungstiefe der Lagerstätten und Vererzungen sowie die vertikale Reichweite der Vererzung gestatten den armenischen Geologen, die prognostischen Vorräte an metallischen Rohstoffen der Republik einzuschätzen, die, wie sich herausstellte, die bestätigten industriellen Vorräte um ein Vielfaches übertreffen.

Die ungeheuren Ausmaße der erkundeten und prognostizierten Vorräte der verschiedenen Erze, die außergewöhnlich günstigen geologischen Verhältnisse für das Auffinden neuer Lagerstätten sowie die vorhandenen bedeutenden perspektivischen Flächen gestatten die Schlußfolgerung, daß die perspektivische Entwicklung der Montan- und Hüttenindustrie Armeniens — dieser wichtige Zweig der Schwerindustrie — in den nächsten Jahrzehnten nicht limitiert werden wird. Die gegenwärtig arbeitenden und in den nächsten Jahren für den Bau vorgesehenen Betriebe werden das nächste Jahrhundert mit Rohstoffvorräten für viele Jahrzehnte beginnen.

Die vorgesehenen geologischen Such- und Erkundungsarbeiten führen zweifellos zur Entdeckung neuer industrieller Lagerstätten der verschiedensten Metalle. Damit wird die Grundlage für die weitere, noch stürmischere Entwicklung der Montanindustrie und der Metallurgie geschaffen werden.

Zu den vordringlichsten Aufgaben auf dem Gebiet der Montan- und Hüttenindustrie gehören: die Sicherung der komplexen Nutzung der Erzrohstoffe, die Verringerung der Verluste an Metall bei der Gewinnung, Anreicherung und metallurgischen Verarbeitung, die richtige Bestimmung der industriellen Konditionen, die Nutzung der oxidischen Erze.

Nichterzlagerstätten

Nicht weniger reich ist der Boden Armeniens an nutzbaren nichtmetallischen Rohstoffen. Durchgeführte geologische Erkundungsarbeiten haben neben Erzen auch zur Entdeckung einer großen Anzahl an Lagerstätten natürlicher Baustoffe, nichtmetallischer Rohstoffe für die Metallurgie, feuerfester und montanchemischer Rohstoffe geführt. Armenien gilt als typisches Land des jungen Vulkanismus. Hier sind Lagerstätten der allerverschiedensten nutzbaren Rohstoffe vulkanischer Herkunft und insbesondere natürlicher Bausteine sehr stark verbreitet. Zu ihnen gehören wegen ihrer hohen baulichen Eigenschaften die allgemein bekannten verschiedenfarbigen Tuffe, Basalte und Andesitbasalte, Pemse, Perlite, vulkanische Schlacken und andere Rohstoffe. Große Verbreitung erlangten im Bauwesen als Dekorationssteine Granite, Konglomerate, verschiedenfarbige Marmore und andere Gesteine.

Eine mächtige Rohstoffbasis für die Entwicklung der Bauindustrie sind die vielen großen Kalkstein- und Gipslagerstätten. Armenien ist reich an verschiedenartigen Rohstoffen für die Glasproduktion: Quarzite, Perlit-, Pemse- und Quarz-Pemse-Sande, vulkanische Schlacken u. a.

In der Republik wurde eine Reihe sehr großer Lagerstätten entdeckt, erkundet und genutzt, insbesondere feuerfeste Gesteine, Formsande, Quarzite, Dolomite und Bentonite.

Armenien ist ferner reich an chemischen Rohstoffen, vertreten durch die sehr beliebten natürlichen mineralischen Farbstoffe, Schwerspat, Apatit, säurefeste Andesit-Dazite, hochwertige Kalksteine für die Produktion von Kalziumkarbiden und auf deren Basis des synthetischen Kautschuks und anderer chemischer Produkte. Praktisches Interesse besteht auch für Schwefelkies, Phosphorite und einige andere nutzbare Bodenschätze.

Einen besonderen Platz unter den chemischen Rohstoffressourcen nimmt Steinsalz ein. Das salzführende Becken in der Nähe Jerewans und unter der Hauptstadt wurde 1949 bei Tiefbohrarbeiten auf Erdöl entdeckt. Es hat eine Fläche von etwa 800 km², die Mächtigkeit der salzführenden Schichten schwankt zwischen 300 bis 500 und 1000 bis 1200 m. Teile dieser großen Lagerstätte wurden erkundet, das hier geförderte Salz wird in der chemischen Industrie und als Speisesalz verwendet.

Aus der großen Palette verschiedenartiger bergmännischer Produkte Sowjetarmeniens haben neben Glassanden und Perliten vor allem Diatomite, Achate, Obsidian u. a. große Bedeutung. Bei einer Reihe dieser Rohstoffarten, insbesondere hinsichtlich der Ressourcen an Perlit, Bentonit, Pemse, Dekorationsgestein und feuerfesten Gesteinen, nimmt Armenien einen der führenden Plätze in der UdSSR ein.

Auf der Grundlage der erkundeten Vorräte an nichtmetallischen Rohstoffen wurden in der Republik ganze Zweige der Schwerindustrie und zahlreiche andere Produktionsstätten errichtet. So wurde eine mächtige Baustoffindustrie geschaffen, die nicht nur den Bedarf des seinem Umfang nach kolossalen Bauwesens der Republik mit Zement, Wandsteinen, Verkleidungsplatten, den verschiedensten Eisenbetonkonstruktionen und anderen Produkten versorgt, sondern einige Sorten auch in die benachbarten Republiken der UdSSR und sogar ins Ausland liefert.

Die chemische Industrie, einer der führenden Zweige in der Wirtschaft Armeniens, wurde auf der Basis der örtlichen mineralischen Ressourcen geschaffen. Während der Sowjetmacht wurden auch solche Industriezweige entwickelt, wie die keramische Industrie, die Porzellan-Fayence-Industrie, die Produktion von Kristallgegenständen, die Glaswarenproduktion, die Feuerfestindustrie, die Bentonitproduktion, die Diatomitverarbeitung, die Glasfaser- und Elektroisolationsmaterialproduktion, die Marmor- und Dekorationsplattenverarbeitung sowie andere.

Die günstigen geologischen Verhältnisse verpflichten zu verstärkten Anstrengungen, um neue Lagerstätten zu entdecken und die Bedürfnisse der Volkswirtschaft an nichtmetallischen Rohstoffen vollständig abzudecken.

Mineral- und Thermalwässer

Eine wesentliche Rolle in der Wirtschaft und insbesondere für die Organisation des Gesundheitswesens spielen die Mineralwässer Armeniens. Auf dem Territorium der Republik gibt es über 500 bedeutende Mineralheilquellen unterschiedlicher Eigenschaften und Temperaturen. Das Debit allein von 100 freifördernden Sonden übersteigt 500 l/s Mineralwasser.

Auf dieser Grundlage wurden und werden Kurorte geschaffen, außerdem wird das Mineralwasser von der Getränkeindustrie genutzt. Bekannt für seine Heilwirkung und seinen Geschmack sind die Mineralwässer der Kurorte Dshermuk (analog Karlovy Vary), Arsin (analog Kislowodsk), Ankawan (analog Jessentuki), Dilishan (analog Borshomi), Sewan, Bshni, Ararat u. a.

Erdöl — Erdgas

Armenien, das reich an metallischen und nichtmetallischen Rohstoffen sowie Mineralwässern ist, verfügt jedoch praktisch noch nicht über industrielle energetische Lagerstätten. Auf Grund einiger positiver geologischer Voraussetzungen werden gegenwärtig Sucharbeiten auf Erdöl und Erdgas durchgeführt.

Die Sucharbeiten auf diese wichtigen energetischen und chemischen Rohstoffe werden unter den spezifischen komplizierten Bedingungen eines gefalteten Berglandes durchgeführt, in dem sich die perspektivischen Flächen auf kleine Sedimentationsbecken beschränken, die durch mächtige Komplexe verschiedenartiger, intensiv dislozierter sedimentärer und vulkanogen-sedimentärer Bildungen des Eozäns bis einschließlich Plio-Pleistozäns gefüllt wurden.

Die Gesamtfläche mit voraussichtlicher Erdöl-Erdgas-Führung beträgt 8000 bis 10000 km². Ihre Perspektivität wird sowohl durch direkte, bei geologischen Sucharbeiten erhaltene Anzeichen der Erdöl-Erdgas-Führung einzelner Horizonte bewiesen als auch durch die Übereinstimmung in Grundzügen des geologischen Baues und der Entwicklungsgeschichte der untersuchten Bezirke mit den eindeutig erdölführenden Gebieten der Armenien benachbarten Länder — der Türkei und des Irans.

Die komplexe Einschätzung der potentiellen Perspektiven für die Erdöl-Erdgas-Führung einiger Bezirke der Republik stützt sich auf die Summe vieler Faktoren, von denen die wichtigsten folgende sind:

1. die Existenz einiger Depressionszonen, die durch sedimentäre Gesteinskomplexe bedeutender Mächtigkeit (bis 4—6 km) angefüllt wurden und damit stetige Absenkung und die Entwicklung günstiger Bedingungen charakterisieren für die Akkumulation und Umwandlung organischen Materials in Kohlenwasserstoffe und deren Migration in Zonen der Erdöl-Erdgas-Anhäufung;

2. entwickelte lokale Faltung, die die großen Strukturelemente kompliziert, und die mögliche Existenz von Fallen des stratigraphischen und lithologischen Typs;

3. vorhandene — nach noch unvollständigen Angaben — relativ günstige hydrochemische Verhältnisse, Erdöl und Erdgas abschirmende Schichten und Kollektoren;

4. Erdgaszuflüsse aus dem Miozän und Paläogen in den Oktjemberjaner, Araksiner und Jerewaner Bezirken sowie Erdölanzeichen in Kartierungs- und Strukturbohrungen im Asisbekower Bezirk.

Die Arbeiten zur Untersuchung der Erdöl-Erdgas-Führung Armeniens werden gegenwärtig nach einem vom Ministerium für Geologie der UdSSR und dem Ministerium für die Gasindustrie der UdSSR bestätigten Generalschema der geologischen Erkundungsarbeiten auf Erdöl und Erdgas in der Armenischen SSR für die nächsten 5 bis 6 Jahre durchgeführt. Im vorgesehenen Programm ist die Durchführung eines erforderlichen Komplexes geologisch-geophysikalischer Untersuchungen und tiefer Strukturbohrungen festgelegt mit dem Ziel, eine endgültige Einschätzung der Perspektiven der Republik für eine Erdöl-Erdgas-Führung zu geben.

Bohrungen ersetzen bergmännische Auffahrungen

G. G. SARKISJAN, UdSSR

In den letzten Jahren wurden bei der Abbauerkundung auf den Kupferlagerstätten von Kafan und Schamlug in Armenien in großem Umfang Horizontalbohrungen mit Längen von 250 bis 500 m angewendet. Allein im Jahre 1968 erreichten diese Bohrungen auf den genannten Lagerstätten 14000 m.

Am geologischen Bau der Lagerstätten von Kafan und Schamlug sind hauptsächlich jurassische Bildungen beteiligt. Im ersten Fall herrschen Plagioklas-, Augit- und Quarzporphyrite sowie Quarzalbitophyre vor, die stellenweise von jüngeren vulkanogenen und vulkanogen-sedimentären Gesteinen überdeckt sind. Im zweiten Fall liegen Keratophyre, quarzitische Porphyre, Brekzien und Porphyrite vor, die von Tuffsandsteinen bedeckt sind.

Nebengesteine finden sich im wesentlichen: auf der Lagerstätte von Kafan Porphyrite, auf der Lagerstätte von Schamlug Keratophyre. Die Gesteine, aus denen sich die Lagerstätte zusammensetzt, sind mittel- bis feinkörnig, wenig geklüftet und fallen in die Bohrbarkeitsklassen VIII bis X.

Die Erzkörper liegen als Gänge, Stöcke und Verwachsungszonen mit einem Einfallen von 45° bis 80° vor. Ihre Erstreckung schwankt zwischen einigen zehn bis einigen hundert Metern bei einer Mächtigkeit von wenigen Zentimetern bis zu einigen Metern.

Die Morphologie der Erzkörper, das Oberflächenrelief und das untertägige Abbauverfahren begünstigen die Möglichkeit für horizontalgerichtete Bohrungen von großer Erstreckung quer zur Hauptstreichrichtung der Strukturen und Erzzonen. Die Bohrungen erfolgen mit Geräten der Typen SIF-300 und SIF-650 A sowohl aus untertägigen Auffahrungen als auch von der Oberfläche aus. Die Bohrungen werden hauptsächlich mit Diamant-, seltener mit Hartmetallkronen ausgeführt. Der Anfangsdurchmesser der Bohrungen beträgt — in Abhängigkeit von den geologischen Bedingungen — 93 bzw. 76 mm, der Enddurchmesser 59 bis 46 mm. Das Kernausbringen schwankt zwischen 60 und 85%. Die größte Länge einer Horizontalbohrung aus einer untertägigen Auffahrung beträgt 500 m, von über Tage aus 600 m.

Die Möglichkeit der Durchführung horizontaler Bohrungen von größerer Erstreckung (bis 400 bis 500 m) gestattete eine Vervollkommnung der bisherigen Methodik der Abbauerkundung von Lagerstätten sowie eine Kostensenkung für diese Arbeiten.

Bei der Anlage untertägiger Horizontalbohrungen mit Geräten des Typs GP-1 erfolgte der Vortrieb der Erkundungsstrecken im Abstand von 200 m. Dazwischen wurden Horizontalbohrungen mit einer Erstreckung von 100 m angelegt.

Gegenwärtig ist es — bei Anlagen der Typen SIF-300 und SIF-650 A — möglich geworden, die untertägigen Auffahrungen im Abstand von 600 bis 800 m mit einer anschließenden weiteren Unterteilung des Feldes durch Bohrungen anzulegen. Die Bohrungen werden jedoch in diesem Fall nach einem doppelt verdichteten Netz angelegt. Horizontalbohrungen werden oft auch von über Tage aus anstelle von Stollenauffahrungen durchgeführt.

Nach der alten Methodik der Abbauerkundung, bei der die bergmännischen Auffahrungen im Abstand von 200 m erfolgten (s. Abb., A) und zwischen diesen die Horizontalbohrungen mit einer Länge von jeweils 100 m angelegt wurden, betrug der Umfang der bergmännischen Auffahrungen 1600 m und der Bohrungen 1200 m. Nach der neuen Methodik werden die bergmännischen Auffahrungen im Abstand von 600 m (s. Abb., B) mit einer anschließenden weiteren Unter-

Aus: „Raswedka i ochrana nedr", Nr. 2, S. 23—24, 1969.
Übers.: K.-H. BINTIG, Berlin.

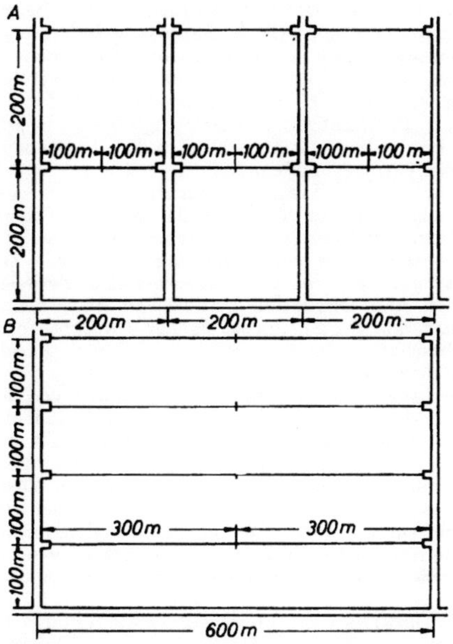

Schema der Anlage bergmännischer Auffahrungen und der Horizontalbohrungen nach der alten (A) und der neuen (B) Methodik

teilung des Feldes durch Horizontalbohrungen mit einer Länge von 300 m angelegt. Dabei beträgt der Umfang der bergmännischen Auffahrungen 800 m und der Bohrungen 2400 m.

Aus dieser Gegenüberstellung wird ersichtlich, daß bei der neuen Methodik anstelle von 800 m bergmännischer Auffahrungen 1200 m Bohrungen getrieben werden. Auf diese Weise ist für die Berechnung der ökonomischen Effektivität beim Ersatz bergmännischer Auffahrungen durch Horizontalbohrungen ein Koeffizient von 800/1200 = 0,67 anzuwenden.

Bei einem jährlichen Umfang an Horizontalbohrungen von 14000 m auf den Lagerstätten von Kafan und Schamlug ersetzen diese Bohrungen 9380 m bergmännische Auffahrungen (14000 × 0,67 = 9380). Bei einer mittleren Länge der Horizontalbohrungen von 300 m müssen 41 Bohrkammern mit einer Länge von je 10 m bei einem Querschnitt von 5,1 m² aufgefahren werden, d. h., für 14000 m Horizontalbohrungen sind 410 m bergmännische Auffahrungen herzustellen. Damit ersetzen die 14000 m Horizontalbohrungen praktisch 8970 m bergmännische Auffahrungen.

Nach den Erfahrungen der vergangenen Jahre liegt folgendes Verhältnis der Gesteinsklassen vor: VIII = 30%, IX = 50%, X = 20%.

Die Kosten der bergmännischen Auffahrungen im Umfang von 8970 m mit einem Querschnitt von 5,1 m² betragen bei Verwendung des Handbohrgeräts PR-30 K für die Herstellung der Sprenglöcher und des Gesteinsladegeräts PML-5 sowie bei einem Transport des Gutes mittels E-Loks über eine Entfernung von 1000 bis 1250 m und einem gestaffelten Ausbau mit einem Umfang von 1970 m (25%) insgesamt 598000 Rubel.

Die Kosten von 14000 m Horizontalbohrungen bei dem gleichen Verhältnis der Gesteinsklassen unter Anwendung eines Koeffizienten von 0,75 (Diamantbohren) betragen 245000 Rubel. Die Anwendung von Horizontalbohrungen auf den Lagerstätten Kafan und Schamlug erbrachte eine Einsparung von 353000 Rubel.

Die angeführte Berechnung bestätigt die ökonomische Zweckmäßigkeit der Erkundung von Lagerstätten mittels horizontaler Bohrungen von großer Erstreckung. Die Erfahrungen von Kafan und Schamlug sind bei der Erkundung analoger Lagerstätten verwendbar.

Arbeitstagung über stabile Isotope

12. bis 19. Oktober 1969 in Leipzig

I. Maass & C. Geissler, Leipzig

Die alle zwei Jahre stattfindende „Asti" (Veranstalter: Institut für stabile Isotope, Leipzig, der Deutschen Akademie der Wissenschaften zu Berlin) umfaßte im Jahr 1969 Vorträge der Sektionen: Trennung[1]), Geologie, Chemie[1]), Biologie[1]) und der Analyse[1]). Die Vorträge der Sektion „Isotopengeologie"[2]) konzentrierten sich in der Hauptsache auf Bestimmungen der natürlichen Variationen stabiler Isotope leichter Elemente zur Lösung genetischer und geochronologischer Probleme. Auf einige Vorträge soll hier detaillierter eingegangen werden.

E. M. Galimow, N. G. Kusnezowa und W. S. Prochorow versuchten über die Bestimmung der natürlichen Variationen der C-Isotope in Erdölen aus verschiedenen Lagerstätten, ihren Erdölkomponenten und unterschiedlichen Siedefraktionen, Beziehungen zur Genese der Erdöle und der Bildung ihrer Lagerstätten im Zusammenhang mit weiteren geochemisch-geologischen Parametern abzuleiten. Sie kamen zu der Schlußfolgerung, daß die Lipoide und das Lignin die wichtigsten biochemischen Ausgangsstoffe bei der Bildung der Erdölkomponenten darstellen, wobei die Fettsäuren als Grundlage für die Bildung von Methan-Naphthen-Kohlenwasserstoffen, das Lignin für die der aromatischen Kohlenwasserstoffe dienen. Die Erdöle aus verschiedenen stratigraphischen Horizonten zeigen spezifische isotope Zusammensetzungen. Dies wird auf unterschiedliche Ausgangsstoffe bei der Bildung der Erdöle und auf vertikale Migration von Erdölen aus tiefer liegenden Speichern zurückgeführt.

Der Vortrag von W. Fischer, I. Maass und E. Sontag zeigte, daß die Isotopenhäufigkeiten der einzelnen Inhaltsstoffe bei isotopengeologischen Untersuchungen an fossilen Brennstoffen Berücksichtigung finden müssen. Er vermittelte ein anschauliches Bild über die Verteilung der ^{13}C-Häufigkeiten auf die verschiedenartigen Braunkohleinhaltsstoffe. Die geringste ^{13}C-Häufigkeit findet sich in den Wachsfraktionen der Bitumina, die höchste in der Zellulose. Die ^{13}C-Häufigkeiten für jeweils eine Fraktion aus ver-

Eingang des Manuskripts in der Redaktion: 26. 6. 1970.

[1]) Die Referierung dieser Vorträge erfolgt in der „Isotopenpraxis" 1970.

[2]) Ein Teil der hier referierten Vorträge wird 1970 in einem Sonderheft von „Isotope Titles" publiziert.

schiedenen Proben variieren in einem Bereich, der vom Inkohlungsgrad und vom Pflanzenmaterial beeinflußt wird. Naturprodukte, die bestimmten chemisch isolierten Fraktionen entsprechen, lieferten weitgehend gleichartige Ergebnisse.

Zum Verhalten der stabilen Isotope des Kohlenstoffs bei der Inkohlung berichteten C. GEISSLER und L. BELAU über Modellversuche zur künstlichen Inkohlung von Pflanzenmaterial (Moos) unter verschiedenen experimentellen Bedingungen. Bei den festen Reaktionsprodukten — den künstlichen „Kohlen" — wurden nur sehr geringe Änderungen in der ^{13}C-Häufigkeit gemessen, obwohl der Inkohlungsgrad in Abhängigkeit von den Reaktionsbedingungen von dem eines Schwarztorfs bis zu dem einer Hartbraunkohle schwankte. Die Inkohlungsgase enthielten zu 90% CO_2, das im Vergleich zur Ausgangssubstanz geringfügig an ^{13}C angereichert war. Sehr starke Abhängigkeiten von den Reaktionsbedingungen (Temperatur, Zeit) und vom resultierenden Inkohlungsgrad zeigte das entstandene Methan (^{13}C-Abreicherung bis zu 7‰ gegenüber der Ausgangssubstanz). Somit bewiesen die Versuche, daß bei der inkohlungsbedingten Gasabspaltung erhebliche C-Isotopenfraktionierungen auftreten können, die ihrerseits stark temperaturabhängig sind.

Am Beispiel von Erdölbegleitgasen (aus Lagerstätten des östlichen Teils der Russischen Plattform) diskutierten E. M. GALIMOW und A. A. IWLEW die verschiedenen Möglichkeiten, die zu einer Fraktionierung der Kohlenstoffisotope führen können. Den experimentellen Ergebnissen wurden theoretische Betrachtungen über die Größe der thermodynamischen und kinetischen Isotopieeffekte gegenübergestellt. Die Autoren führen die an den einzelnen Kohlenwasserstoffen der natürlichen Gase gefundenen unterschiedlichen Isotopenverteilungen mehr auf chemische Fraktionierungen als auf physikalische Trennprozesse zurück.

Ebenfalls die Möglichkeiten von Isotopenfraktionierungen des Kohlenstoffs in Erdgasen behandelte F. GAZZARRINI, insbesondere die C-Isotopenfraktionierungen an Methan am Beispiel eines italienischen Erdgasfeldes und einer westdeutschen Steinkohlenlagerstätte. Er wies nach, daß Migrationsprozesse eine entscheidende Rolle bei der Herausbildung der beobachteten Isotopenzusammensetzung des Methans spielen.

J. CORNIDES untersuchte das CO_2 aus den in den nordungarischen Kohlegruben auftretenden Gasausbrüchen und anderen CO_2-Quellen. Die von ihm gemessenen ^{13}C-Häufigkeiten wurden diskutiert.

Von besonderem Interesse waren auch die Ausführungen von W. G. MOOK, der sich einem Gebiet zugewandt hat, das bisher nur wenig bearbeitet wurde, und zwar der Bestimmung der natürlichen Variationen von ^{13}C an Bikarbonaten aus Grundwässern, um Informationen über die Wechselwirkungen zwischen den verschiedenen Arten natürlicher Wässer zu erhalten. Er untersuchte Flüsse, Seen, Einmündungen und Küstenwässer der Niederlande.

Aus den ^{13}C-Häufigkeiten der Grundwasserbikarbonate lassen sich Rückschlüsse auf die Bodeneigenschaften der Infiltrationsgebiete ziehen. Die Flüsse zeigten in ihrer ^{13}C-Häufigkeit der gelösten Bikarbonate jahreszeitliche Schwankungen. Im Winter ist die Häufigkeit der Isotope ähnlich der der Grundwässer in den Entwässerungszonen; die im Sommer auftretenden höheren ^{13}C-Häufigkeiten sind auf einen Isotopenaustausch mit atmosphärischem CO_2, hineingetragen durch Oberflächenwässer, zurückzuführen.

Die Grundwasserbikarbonate weisen spezifische Durchschnittswerte auf. Abweichungen hiervon werden erklärt durch die Löslichkeit von Kalken im Boden durch CO_2 aus dem Humuszerfall und der Atmung von Wurzeln bzw. durch direkte Lösung von Kalken durch Huminsäuren oder Seewasserinfiltrationen. Die ^{13}C-Häufigkeit mariner Bikarbonate deutet auf ein Isotopenaustauschgleichgewicht mit atmosphärischem CO_2 hin; die von Einmündungen ist das Resultat einer Vermischung von Fluß- und Seewasser. Untersuchungen an in Brackwasser abgelagerten Schalenkarbonaten haben gezeigt, daß diese im isotopen Gleichgewicht mit ihrer Umgebung stehen und daß für die Unterschiede zwischen der isotopen Zusammensetzung der Karbonate einerseits und der gelösten Bikarbonate andererseits nur die Temperatur bestimmend ist.

In Vorträgen zu Problemen der Geochronologie wurden Eichpunkte für die internationale Geochronologische Skala aus dem Perm der DDR (T. KAEMMEL u. a.), Beiträge zur Geochemie des Argons (K. K. SHIROW) geliefert sowie über Strontiummessungen an vulkanischen Gesteinen Ungarns (A. KOVÁCH und K. BALOGH) und an präkambrischen Sedimenten Ägyptens (H. A. HASHAD und T. A. SAYYAH) berichtet. S. B. BRANDT u. a. beschäftigten sich in zwei Vorträgen mit radiogenen Einschlüssen bzw. Isotopenfraktionierungen petrogener Elemente.

J. PILOT und D. HARZER wiesen auf die Variationsbreiten der S- und O-Isotope für die in der Natur vorkommenden Sulfate hin. Zur Klärung der Isotopenvariationen gingen sie auf die wichtigsten Fraktionierungeffekte, wie Isotopenaustauschgleichgewicht, anorganische und bakterielle Sulfatreduktion und Oxydation sulfidischen bzw. elementaren Schwefels, ein. Die Ergebnisse eigener Versuche an marinen evaporitischen Sulfaten aus verschiedenen Formationen wurden diskutiert.

Neue Aspekte der Anwendungsmöglichkeit von Schwefelisotopenmessungen zeigte H. NIELSEN auf, indem er die δ^{34}-S-Werte in Evaporitsulfaten zusammen mit dem geologischen Alter benutzte, um Evaporite unbekannten Alters stratigraphisch einzuordnen. In einem zweiten Vortrag berichtete der Autor anhand zweier Beispiele über ermittelte Fraktionierungsfaktoren bei der bakteriellen Sulfatreduktion. Die errechneten Fraktionierungsfaktoren von 1,04 bzw. 1,06 wurden anhand von Modellrechnungen eingehend diskutiert.

W. A. GRINENKO und L. N. GRINENKO untersuchten die Herkunft von Sulfid-Sulfat-Assoziationen einiger Hochtemperaturlagerstätten der UdSSR. Die Schwefelisotopenverhältnisse deuten auf einen einheitlichen magmatischen Ursprung des Sulfidschwefels hin. Die Entstehung der Sulfate wurde auf unvollständige Oxydation der Sulfide zurückgeführt. In einem weiteren Vortrag berichteten L. N. GRINENKO u. a. über die Aufklärung der Genese polymetallischer Kieslagerstätten des Kaukasus durch Schwefelisotopenuntersuchungen.

Die Anwendung von ^{18}O-Bestimmungen in der Geologie und Lagerstättenkunde behandelten sechs Vorträge.

M. SCHOELL und W. STAHL berichteten über systematische Änderungen der C- und O-Isotopenhäufigkeiten an einem Kalkspatgroßkristall aus der Silbererzganglagerstätte St. Andreasberg, Harz.

Beispiele für den Aussagewert von ^{18}O-Untersuchungen bezüglich der Bildungsprozesse von Mineralien und Gesteinen geben E. J. DONZOWA und A. W. MILOWSKIJ (natürliche SiO_2-Formen), E. J. DONZOWA und W. I. GERASIMOWSKIJ (Genese basischer Gesteine der Kolahalbinsel), H. FRIEDRICHSEN (^{18}O-Häufigkeiten der einzelnen Phasen des Granits von Grimstad/Norwegen und Diskussion der Bildungstemperaturen).

R. W. TEJS und D. P. NAIDIN berichteten über Untersuchungen am Karbonatsauerstoff in den Schalen einiger lebender und fossiler Mollusken sowie zur Frage des Erhaltungszustands der O-Isotopenzusammensetzungen des $CaCO_3$ von Belemnitenrostren.

Vortragsthemen

1. GALIMOW, E. M., N. G. KUSNEZOWA und W. S. PROCHOROW: „Geochemisch-geologische Interpretation von Daten über die isotope Zusammensetzung von Erdöl und dessen Komponenten"
2. FISCHER, W., I. MAASS und E. SONTAG: „$^{12}C/^{13}C$-Untersuchungen an Braunkohleinhaltsstoffen"
3. GEISSLER, C., und L. BELAU: „Das Verhalten der stabilen Isotope des Kohlenstoffs bei der Inkohlung"
4. GALIMOW, E. M., und A. A. IWLEW: „Theoretische und experimentelle Untersuchung thermodynamischer Isotopieeffekte an natürlichen Gasen"
5. GAZZARRINI, F.: „$^{12}C/^{13}C$-Verhältnisse in den Migrationsprozessen natürlicher Gase"
6. CORNIDES, I.: „Eine genetische Untersuchung der ungarischen CO_2-Ressourcen"
7. MOOK, W. G.: „^{13}C in natürlichen Wässern"
8. KAEMMEL, T., J. PILOT, H. J. Rösler & M. SCHWAB: „Radiochronologische Daten vom Perm der DDR zur Gewinnung von Eichpunkten für die internationale geochronologische Skala"
9. SHIROW, K. K.: „Zur Geochemie des Argons bei hypogenen Prozessen"
10. KOVÁCH, A., und K. BALOGH: „Strontiumisotope und der Ursprung intermediärer vulkanischer Gesteine in den Börzsöny-Bergen"
11. HASHAD, A. H., und T. A. SAYYAH: „Die isotope Zusammensetzung des Strontiums in einigen ägyptischen Präkambrium-Sedimenten"
12. BRANDT, S. B., I. L. LAPIDES und W. N. SMIRNOW: „Radiogene Einschlüsse in Mineralien als natürliche Markierung"

13. BRANDT, S. B., G. S. PLJUSNIN und N. W. WOLKOWA: „Natürliche Isotopenfraktionierung petrogener Elemente in metasomatischen Kontaktzonen"
14. PILOT, J., und D. HARZER: „Sauerstoff- und Schwefelisotopenuntersuchungen an Sulfaten"
15. NIELSEN, H.: „Über den Fraktionierungsfaktor der bakteriellen Sulfatreduktion in der Natur und eine Bemerkung zur Nomenklatur"
16. NIELSEN, H.: „Altersmäßige Zuordnung von Evaporiten und Solen auf Grund der δ^{34}S-Werte"
17. GRINENKO, W. A., und L. N. GRINENKO: „Zur Natur der Sulfid-Sulfat-Assoziation einiger Hochtemperaturlagerstätten"
18. GRINENKO, L. N., N. M. ZAIRI und W. A. GRINENKO: „Aufklärung der Genese polymetallischer Kieslagerstätten des Kaukasus mit Hilfe der Isotopenverhältnisse des Schwefels"
19. SCHOELL, M., und W. STAHL: „Kohlenstoff- und Sauerstoff-Isotopenanalysen an hydrothermalen Kalkspäten aus St. Andreasberg/Harz"
20. DONZOWA, E. I., und A. W. MILOWSKIJ: „Die Fraktionierung der Sauerstoffisotope bei Bildungsprozessen natürlicher SiO_2-Formen"
21. DONZOWA, E. I., und W. I. GERASIMOWSKIJ: „Zur Genese basischer Gesteine der Kolahalbinsel aus Daten über die Zusammensetzung der Sauerstoffisotope"
22. FRIEDRICHSEN, H.: „Sauerstoffisotopenmessungen am Grimstad-Granit"
23. NAIDIN, D. P., und R. W. TEJS: „Jahreszeitliche Änderungen der isotopen Zusammensetzung des Karbonatsauerstoffs der Schalen einiger lebender und fossiler Mollusken"
24. TEJS, R. W., und D. P. NAIDIN: „Über den Erhaltungszustand der isotopen Zusammensetzung des Sauerstoffs aus $CaCO_3$ von Belemniten"

Buchbesprechungen

Anonym

Fragen über das gegenseitige Verhältnis zwischen den unter- und oberirdischen Gewässern des Südbaltikums

Wilnjus: Verlag Mintis 1969. 9 Beitr., 107 S., 43 Abb., 13 Tab.
(Arbeiten des Instituts für Geologie, Wilnjus, Band 10)

Der vorliegende Sammelband umfaßt neun Artikel, die sich mit den hydrogeologischen Bedingungen der Grundwässer der Litauischen SSR beschäftigen.

Im Beitrag „Der unterirdische Abfluß der Wasserläufe des Nemunas-Beckens auf dem Territorium der Litauischen SSR" von A. BARYSAS & A. IGNATAWITSCHIUS wird die jahreszeitliche Veränderung des Zuflusses der Grundwässer in die Flüsse untersucht. Bei der Analyse wurde eine große Anzahl von Ausgangsmaterialien verwendet (so Wassermeßangaben von 59 Pegeln). Es wurde dabei festgestellt, daß in Gebieten, in denen sich das Flußbett in die erste Terrasse oder in Flußauen einschneidet, wobei das Gefälle des Grundwasserniveaus zum Fluß hin sehr gering ist, das Frühjahrshochwasser den Zufluß des Grundwassers zum Fluß unterbricht. Teilweise erfolgt sogar kurzzeitig eine umgekehrte Bewegung der Wässer. In den anderen Gebieten erfolgt die Speisung des Flusses durch Grundwasser praktisch ständig, wenn auch in verschiedenen Ausmaßen.

Zur Gliederung der Abflußganglinie wurde die von M. I. LWOWITSCH (siehe auch Au-Linien-Verfahren nach NATERMANN) entwickelte Untersuchungsmethodik verwendet, die verhältnismäßig gute Ergebnisse liefert.

Hinzuweisen ist auf die Ermittlung eines sogenannten „immerjährlichen Ungleichheitskoeffizienten des monatlichen Abflusses" (dm), der nach folgender Formel bestimmt wird:

$$dm = \frac{\Sigma (Q_i - Q_0)}{12\, Q_0}$$

Dabei sind

Q_0 = der mittlere Monatsabfluß;*)
Q_i = der mittlere Monatsabfluß in den Monaten, in denen der Abfluß den mittleren Monatsabfluß (Q_0) übersteigt.

*) Die Autoren bezeichnen Q_0 als mittleren Jahresabfluß; es erscheint jedoch logisch, ihn als mittleren Monatsabfluß zu bezeichnen.

Die Verf. stellten fest, daß die Größe des unterirdischen Abflusses in erster Linie von der Größe dieses Koeffizienten abhängig ist.

Interessant sind die Abhängigkeitsdiagramme des unterirdischen Abflusses von der Fläche des Einzugsgebiets und von der Tiefe des Erosionseinschnitts. Die Diagramme spiegeln deutlich wider, daß der unterirdische Abfluß nicht von der Fläche des Einzugsgebiets abhängig ist. Mit zunehmender Tiefe des Erosionseinschnitts ist eine gewisse Zunahme des unterirdischen Abflusses zu erkennen, es läßt sich jedoch keine mathematische Funktion herausteilen. Hierbei erscheint die Auswahl von H_0 (die mittlere Höhe der Wasserscheide über dem Flußbett) als Parameter für den Erosionseinschnitt als ungünstig. Mit Zunahme der Mächtigkeit sandiger quartärer Ablagerungen stieg auch der Koeffizient der unterirdischen Speisung an, während bei präquartären Wasserhorizonten der Anteil der unterirdischen Speisung des Flusses geringfügig ist.

Die Arbeit ist besonders auf Grund der umfangreichen statistischen Auswertung für Hydrologen und teilweise auch für Wasserwirtschaftler zu empfehlen, obwohl sie starke regionale Züge aufweist.

Im Beitrag „Das gegenseitige Verhältnis zwischen den ober- und unterirdischen Gewässern des Nemunas-Beckens auf dem Territorium der Litauischen SSR" von A. IGNATAWITSCHIUS wird eine geologisch-hydrogeologische Einschätzung der größten Flußbecken in der Litauischen SSR gegeben, was von großer Bedeutung bei der Berechnung der natürlichen Grundwasserressourcen ist. Obwohl der Artikel sehr stark regional gehalten ist, ist er insofern interessant, als die hydrogeologischen Bedingungen der Grundwasserhorizonte in der Litauischen SSR größtenteils ähnlich den hydrogeologischen Bedingungen der Grundwasserleiter im Nordteil der DDR sind.

Auf Grund der Untersuchungen über den unterirdischen Abfluß sowie bezüglich der Speisung der Flüsse durch Grundwasser charakterisiert A. IGNATAWITSCHIUS in seinem Beitrag „Die natürlichen Grundwasserressourcen der intensiven Kreislaufzone und die hydrogeologische Rayonierung des Nemunas-Beckens innerhalb der Litauischen SSR" sechs hydrogeologische Bezirke in Abhängigkeit von ihrer stratigraphischen Zugehörigkeit. Dabei wurde für jeden Bezirk die mittlere Abflußspende bestimmt und in einer schematischen Karte zusammengefaßt. Aus dieser Karte geht hervor, daß die natürlichen Grundwasserressourcen in der intensiven Wasserkreislaufzone unregelmäßig verteilt sind, wobei eine Abnahme der Abflußspende von den höher liegenden Gebieten zu den tiefer liegenden Gebieten des Nordteils der Republik festzustellen sind. Der Artikel gibt Anregung für die hydrogeologische Rayonierung der Grundwässer im Lockergestein. Besonders bemerkenswert erscheint die Aufgliederung der glazialen Ablagerungsgebiete zu hydrogeologischen Bezirken bzw. Unterbezirken.

D. SAKALAUSKIENE gibt in seinem Beitrag „Die dynamischen Reserven und der unterirdische Abfluß des Grundwassers auf dem Territorium der Litauischen SSR" eine Einschätzung der dynamischen Grundwasservorräte der Republik. Aus den Untersuchungen geht hervor, daß die dynamischen Grundwasserreserven hauptsächlich von der Lithologie des wasserführenden Horizonts abhängig sind. Der Autor stellt in einer Tabelle die Abhängigkeit des Wasserabgabevermögens und der dynamischen Vorräte dar. Diese Tabelle ist sehr interessant für Analogieschlüsse über dynamische Grundwasserreserven in Lockergesteinen.

A. KONDRATAS untersucht die Möglichkeiten einer Bewertung des unterirdischen Abflusses mit Hilfe hydrochemischer Methoden. Es scheint, daß bei dem verunreinigten Zustand der meisten Flüsse die von ihm vorgeschlagene Methode nur wenig sinnvoll ist. Darauf weisen unter anderem auch die von A. KONDRATAS erhaltenen Ergebnisse hin, obwohl sich der Autor selbst für eine weitere hydrochemische Untersuchung der Flüsse mit dem Ziel der Abflußbestimmung ausspricht.

J. I. DILIUNAS sowie A. ZUZEWITSCHIUS und W. JUOKAZIS beschäftigen sich in verschiedenen Artikeln mit der Prognose der unterirdischen Abflußbedingungen. DILIUNAS legt besonderes Augenmerk auf die Neubestimmung der Grundwasservorräte in den Flußtälern, da in der Litauischen SSR bis vor kurzem die potentiellen Wasservorräte der Flüsse bei der Wasserprognose nicht berücksichtigt wurden. In den Flußtälern können jedoch die größten Wasserreserven erwartet werden. Er erläutert die Methodik der Berechnung dieser Grundwasserreserven, wobei er sich der bekannten Formeln von BOTSCHENER und BORISOW bedient.

Von großem Interesse sind die Ausführungen A. ZUZEWITSCHIUS und W. JUOOKAZIS über den wechselseitigen Einfluß der einzelnen Grundwasserfassungsstellen. Mit Hilfe einer elektrohydrodynamischen Analogiemodulationsmethode (EGDA) wird eine Prognose über das Regime der Wasserhorizonte gegeben, wobei besonders die Nutzung der schon bestehenden Grundwasserfassungsanlagen berücksichtigt wird. Die vorgeschlagene Methodik der Prognose des Nutzungsregimes der unterirdischen Wässer ist zweifellos auch für die mit Grundwasserfassungsanlagen dicht besiedelte DDR zu verwenden und dürfte einige interessante Tendenzen bezüglich des Wasserhaushalts aufzeigen.

Der Beitrag von I.-A. MISUNAS „Einige Fragen über die artesischen Bohrungseinrichtungen und Exploitation auf dem Territorium der Litauischen SSR" behandelt Probleme der technischen Ausrüstung artesischer Bohrungen.

A. DAMASCHEWITSCHIUS untersucht im Beitrag „Über den Einfluß der Bohrung auf ein Zweischichtsystem" die Einwirkung zweier lithologisch getrennter Wasserhorizonte aufeinander beim Abbau eines der beiden Horizonte. Die Berechnung der gegenseitigen Einwirkung erfolgt dabei nach den von WERIGIN & SCHESTAKOW (1954) vorgeschlagenen Gleichungen.

Zusammenfassend kann gesagt werden, daß der Sammelband einige neue Anregungen bezüglich der Einschätzung der unterirdischen Wasserressourcen enthält. Obwohl die Beiträge in einigen Fällen stark regionale Züge tragen, dürften die angewandten Methoden auf Grund des analogen Baues der quartären Ablagerungen in der Litauischen SSR und im Nordteil der DDR von Interesse für die Grundwassereinschätzung der DDR sein. Das Buch ist besonders für Wasserwirtschaftler zu empfehlen, ist aber auch für Hydrologen und Hydrogeologen von Interesse. H. J. VOIGT

Autorenkollektiv

Nuclear Techniques and Mineral Resources

Wien: Internationale Atom-Energie-Kommission 1969. 546 S., 262 Abb., 487 Lit.

Dieses vom Eigenverlag der Internationalen Atom-Energie-Kommission herausgebrachte Buch enthält die Niederschriften der Vorträge und Diskussionen des Symposiums über die Anwendungen der Kerntechnik für die Suche und den Aufschluß der Mineralressourcen, das vom 5. bis 9. November 1968 in Buenos Aires von der IAEA durchgeführt wurde. An diesem Symposium nahmen 63 Vertreter aus 20 Ländern teil.

Die Vorträge sind in fünf Gruppen unterteilt:

1. Erzgeophysik und Aufbereitung	8 Vorträge (161 Lit.)
2. Uranerkundung	9 Vorträge (81 Lit.)
3. Röntgenfluoreszensuntersuchungen	5 Vorträge (71 Lit.)
4. Ölfeldgeophysik	3 Vorträge (108 Lit.)
5. Aktivierungsanalyse	5 Vorträge (66 Lit.)

Der Schwerpunkt liegt eindeutig bei der Erz- und Uranerkundung, wobei die Aufbereitung der Erze mit einbezogen worden ist. Dem Charakter der Veranstaltung entsprechend handelt es sich bei allen Vorträgen um Fortschrittsberichte, die den jeweils erreichten Stand der Anwendung der Kerntechnik für die angegebenen Gebiete darstellen. Viel schon länger Bekanntes ist dabei, aber die komprimierte und doch umfassende Darstellung des Stoffes macht dieses Buch zu einem nützlichen Hand- und Nachschlagebuch für alle, die sich über die Anwendungsmöglichkeiten der Kerntechnik für den Aufschluß der Mineralressourcen informieren wollen.

Wer speziellere Informationen benötigt, kann auf die jeweils angegebene Literatur zurückgreifen. Diese Literaturhinweise sind neben den Fortschritts- oder Standberichten das zweite Faktum, das dieses Buch zu einem wichtigen Nachschlagewerk macht. Oft sind diese Literaturzusammenstellungen wertvoller als die abgedruckten Vorträge. Besonders bei der Gruppe 4 — Ölfeldgeophysik — dürfte dies der Fall sein.

Alles in allem läßt sich feststellen, daß dieser Symposiumsbericht der IAEA den gegenwärtigen internationalen Stand der Anwendung der Kerntechnik für die Belange der praktischen Geologie einschließlich der technischen Nebengebiete umfassend und prägnant zur Darstellung bringt.

R. ZEUCH

LEBEDEW, W. I.

Die Ionen-Atom-Radien und ihre Bedeutung für Geochemie und Chemie

Leningrad: Isdat. Leningradsk. Univ. 1969. 155 S., 29 Abb., 16 Tab., 103 Lit.

Das vorliegende Buch des namhaften Kristallographen und Geochemikers macht den Leser mit einem neuen System von Ionen-Atom-Radien bekannt, das auf den Vorstellungen von SLATER („Quantum theory of molecules and solids, symmetry and energy bonds in crystals", 1964) beruht. LEBEDEW hat diese Vorstellungen weiterentwickelt (er spricht von „Orbital"- oder Bahnradien) und durch neue Anwendungsbeispiele untermauert. Das neue System basiert im wesentlichen auf der Messung der Atom- und Ionengrößen nach den Linien der „fehlenden" chemischen Bindung.

Nach einer ausführlichen Behandlung der Geschichte der Kristallstrukturlehre, der älteren Systeme „effektiver" Ionenradien von SOLLAS (1898), BRAGG (1920), V. M. GOLDSCHMIDT (1926), PAULING (1927), WYCKOFF (1948) und AHRENS (1952), den Fragen der Elektronegativität und der Polarisierbarkeit werden die quantenmechanischen Berechnungen und Schlußfolgerungen von SLATER ausführlich referiert.

In diesem neuen System der Ionen-Atom-Radien sind im Fall einer Ionenbindung die „Kationen" stets größer als die „Anionen". Der Verf. bringt ausführliche Beweise für die Gültigkeit des neuen Systems und unterstreicht die Vorteilhaftigkeit gegenüber den bisher in der Geochemie gebräuchlichen Ionenradien.

Auf der Grundlage des neuen Systems werden Beispiele der Berechnung der Atomabstände in verschiedenen Verbindungen angeführt. Die Probleme der Isomorphie, z. B. der Einbau von Tl in FeS_2, ZnS, MnO_2 und das Fehlen eines solchen in Pyrrhotin und Mn-Silikaten, oder die Tatsache, daß der Einbau von Ni im FeS_2 (Reihe Pyrit—Vaesit) zu einer Verringerung der Gitterabmessungen führt, werden unter neuem Aspekt betrachtet. Es wird der Versuch unternommen, die Eigenschaften und das Verhalten einer Reihe von Verbindungen chemischer Elemente, die bisher keine theoretische Erklärung finden konnten, neu zu deuten. Hierzu gehören vorwiegend die Alkali-Hydride und Haloid-Wasserstoff-Verbindungen.

Die sehr interessante Arbeit von LEBEDEW wird sicher unter den Feinstrukturspezialisten Diskussionen hervorrufen. Ein baldiger Ersatz der bisher in der Geochemie gebräuchlichen Ionenradien (vorwiegend nach PAULING, WYCKOFF und AHRENS) dürfte allerdings kaum zu erwarten sein. P. KRÜGER

SCHULTE, W. LÖHR & H. VOSEN

Markscheidekunde für das Studium und die betriebliche Praxis
4. neubearbeitete Auflage

Berlin, Heidelberg, New York: Springer-Verlag 1969. XVI, 444 S., 333 Abb., 37 z. T. farb. Taf. (1 Anaglyphenbild m. Brille), 52 Messungs- u. Berechnungsbeisp.

Mit der 4. neubearbeiteten Auflage des SCHULTE-LÖHR ist VOSEN im wesentlichen der Grundkonzeption der vorangegangenen Auflagen treu geblieben. Neuerungen wurden in sparsamem Maße aufgenommen. Das Buch ist sowohl in der Darstellung des Stoffes als auch in der Ausstattung gediegen. Man nimmt es gern in die Hand und kann es allen empfehlen, die sich über das Markscheidewesen bisheriger Prägung informieren wollen. Zur Orientierung über das Fachgebiet genügt es nicht, dazu ist es zu sehr aus der Sicht des westdeutschen Steinkohlenbergbaus geschrieben und demzufolge falsch betitelt. Dabei fehlt eine moderne zusammenfassende Darstellung des Markscheidewesens „für das Studium und die betriebliche Praxis". Wenn hierbei keine Enzyklopädie nach Art des JORDAN-EGGERT entstehen soll, wird man sicher auf Althergebrachtes verzichten müssen. Sind die bergbaulichen (geodätischen) Vermessungen und deren Auswertung wirklich die wichtigsten Gebiete der Markscheidekunde? Eine Beschränkung im Teil I „Messungen" (60% des Textteiles) auf die wirklich bergbauspezifischen Messungen hätte dem Buch zum Vorteil gereicht und Platz für anderen Stoff ergeben.

So fehlen zum Beispiel die speziellen betrieblichen Markscheiderarbeiten in den einzelnen Bergbauzweigen, angefangen vom Braunkohlentagebau bis zum Bergbau auf Steine und Erden sowie bei der Erkundung und Förderung von Erdöl und Erdgas. Letztlich dienen sämtliche markscheiderischen Messungen zur Information über den Bergbaubetrieb. Der Einsatz von geodätischen Meßverfahren ist dabei weniger das Kriterium des Markscheidewesens als vielmehr die Ermittlung der für den Betrieb wichtigen Parameter und deren meßtechnischen Erfassung, ganz gleich mit welchen Geräten und Verfahren das erfolgt.

Es wäre sicherlich Aufgabe einer zusammenfassenden und für die Praxis geschriebenen Markscheidekunde, diesem Aspekt Rechnung zu tragen. Damit wäre zugleich einer Profilierung der aus vielen Elementen zusammengesetzten Fachrichtung Markscheidekunde ein wertvoller Dienst erwiesen.

In diesem Zusammenhang erscheint es mehr als bedenklich, wenn in einem Lehrbuch für Markscheidekunde des Jahres 1969 der Begriff „Elektronische Datenverarbeitung" nur im Zusammenhang mit dem Flözarchiv (S. 408) als Hinweis erscheint. Demzufolge fehlen auch jegliche Hinweise über den Einsatz von Zeichenautomaten. Bei der Behandlung dieses Stoffgebietes wäre VOSEN zwangsläufig auf die Notwendigkeit gekommen, die Markscheidekunde im System Bergbautechnik—Geologie—Geophysik—Geodäsie zu behandeln. Es ist auch nicht klar, warum in einer „Markscheidekunde" geologische Aufnahmen unter Tage und Vorratsberechnungen (Steinkohle) behandelt werden, jedoch z. B. keine Pegelmessungen oder Bemusterungen. Auch wird überhaupt keine Beziehung zur Geophysik hergestellt. Vermißt wird auch ein Hinweis auf den Komplex Lagerstättengeometrie. Daß in einem Lehrbuch über Markscheidekunde ökonomische Fragen einfachster Art, wie zum Beispiel durchschnittliche Zeitaufwendungen für die beschriebenen Verfahren oder Ablaufschemata für die Organisation der Arbeiten in einer modernen Markscheiderei, als heiße Eisen nicht behandelt werden, damit wird man sich wohl noch einige Zeit abfinden müssen.

Zieht man das Fazit dieser neubearbeiteten vierten Auflage des SCHULTE—LÖHR—VOSEN, um die sich Autor und Verlag so viele Mühe gegeben haben, so kann dazu der Text auf dem Schutzumschlag des Buches verwendet werden: „In dem seit Erscheinen der letzten Auflage vergangenen Jahrzehnt haben sich in fast allen Teilgebieten des Bergbaus und des Markscheidewesens so viele Neuerungen ergeben, daß eine Neubearbeitung des Stoffes für die vierte Auflage erforderlich war." Etwas Neues ist dabei nicht herausgekommen.

G. DITTRICH

MAJOROW, W. W., M. I. BALASCHKAND u. a.

Präzisierung der Methodik der Durchführung von Unterwassergassprengungen und Verfahren zur Interpretation des erhaltenen Materials

„Raswedotschnaja Geofisika", Moskwa (1969), 36, S. 3—13, 5 Abb., 7 Lit.

Es werden Methodik, Technologie und geophysikalische Ergebnisse von seeseismischen Versuchsarbeiten beschrieben, die im Kaspischen Meer unter verschiedenen seismologischen Bedingungen mit der Anlage für Gasdetonation (UGD), speziell mit der 700-Liter-Kammer VK-8, durchgeführt wurden. Als Sprenggas wird ein stöchiometrisches Propan-Butan-Gemisch mit Sauerstoff verwendet. Die zeitliche Schußfolge beträgt 3,5 bis 4,5 Minuten. Bei maximaler Kammerfüllung und optimaler Tauchtiefe (ca. 10 m) besitzen die erhaltenen Seismogramme dieselbe Nutzlänge wie Seismogramme, die bei konventioneller Energieanregung mit 5 bis 7,5 kg TNT registriert wurden. Bei Bildung eines Wasserpfropfens, die durch sofortiges Auslösen der Detonation nach der Füllung der Kammer mit Gas verhindert werden kann, verringern sich Nutzlänge und Auflösungsvermögen der Seismogramme. Auf den Seismogrammen werden alle Wellen zweimal, jeweils vom ersten und zweiten (Blubber) Impuls registriert, wobei in den meisten Fällen die vom Blubber angeregten Wellen weitaus intensiver sind. Da die Zeitdifferenz zwischen den beiden Impulsen nicht immer konstant ist, ergeben sich häufig Schwierigkeiten bei der Zuordnung und Korrelation der Reflexionen sowie Unsicherheiten in der Zeitablesung.

An Seismogrammen und Profilschnitten wird die Effektivität des seeseismischen Energieanregungsverfahrens UGD demonstriert.

P. MAYER

Neuerscheinungen und Literaturhinweise

...

Erkundungsgeophysik
Moskau: Verlag Nedra 1969. 136 S., Abb., Lit.

...

Geologie und Geophysik des Meeresbodens
Moskau: Verlag Mir 1969. 380 S., Abb., Lit.
(russ.; übersetzt aus dem Engl.)

...

Geophysikalische Untersuchungen und die Tektonik im Süden des europäischen Teiles der UdSSR
Kiew: Verlag Naukowa dumka 1969. 248 S., 110 Abb., 15 Tab.

Guidebook on nuclear techniques in hydrology
Wien: Intern. Atomic Energy Agency 1969. 214 S., getr. Lit.
(Technical Report Series, No. 91)

...

Handbuch der physikalischen Konstanten von Gesteinen
Moskau: Verlag Mir 1969. 544 S., Abb.
(russ., übersetzt aus dem Engl.)

KOLOMENSKI, N. W.

Spezielle Ingenieurgeologie
Moskau: Verlag Nedra 1969. 336 S., 95 Abb., 14 Tab., 7 Lit.

LOTZE, F.

Die Salz-Lagerstätten in Zeit und Raum. Ein Beitrag zum Klima der Vorzeit
Köln u. Opladen: Westdt. Verlag 1969. 25 S., 5 Lit.
(Arbeitsgemeinsch. Forsch. Land. Nordrhein-Westfalen Natur-, Ing.- u. Gesellschaftswiss., H. 195)

...

Natural gases of North America
A symposium in two volumes
Tulsa, Oklahoma: The American Association of petroleum geologists 1968. Getr. Abb., Tab., Lit.
(Memoir. 9)

SACHS, L.

Statistische Auswertungsmethoden
Berlin—Heidelberg—New York: Springer-Verlag 1969. 677 S., 190 Tab., 79 S. Lit.

SCHIMMEL, G.

Elektronenmikroskopische Methodik
Berlin—Heidelberg—New York: Springer-Verlag 1969. 243 S., 6 S. Lit.

...

Wissenschaftlich-technischer Sammelband über die Erdölgewinnung
(Arbeiten des Forschungsinstitutes für Erdöl und Erdgas)
Moskau: Verlag Nedra 1969. 152 S., Abb., Lit.

Literaturreferate

OSADKO, N. N.

Klassifikation der Lager nach Kohlenwasserstoffsystemen

„Neftegasowaja Geologija i Geofisika", Moskwa (1969), 11, S. 36—38, 1 Abb., 1 Tab., 6 Lit.

Die Klassifikation geht vom Energieverhältnis der Komponenten Erdöl, Erdgas, Kondensat und feste Kohlenwasserstoffe innerhalb der Lagerstätten aus. Als Energiekriterium wird die spezifische Wärme Q angesehen. Auf Grund der Kenntnis der spezifischen Wärme für ein Kohlenwasserstoffsystem wird die Energie E nach folgender Formel berechnet:

$$E = Q_E \cdot T_E + Q_K \cdot T_K + Q_G \cdot T_G + Q_F \cdot T_F \cdot 4186{,}8\ \mathrm{J}$$

Darin bedeuten: Q_E, Q_K, Q_G, Q_F = Vorräte an Erdöl, Kondensat, Gas und festen Kohlenwasserstoffen,

T_E, T_K, T_G, T_F = spezifische Wärme von Erdöl, Kondensat, Gas und festen Kohlenwasserstoffen.

Aus dem Verhältnis der Energieanteile zwischen Erdöl, Kondensat, Gas und festen Kohlenwasserstoffen werden ein „Gassystem" mit elf Klassen und ein „Erdölsystem" mit vier Klassen unterschieden. Am Beispiel eines Profils durch die Lagerstätten des Erdölbezirkes von Prikumsk wird die regionale Energieverteilung in den VIII. und IX. unterkretazischen produktiven Horizonten demonstriert. Diese Klassifizierungsmethode ist für die Untersuchung der Erdölgenese, der Lagerstättenbildung, der Umlagerung und Erhaltung von Lagerstätten sowie für die differenzierende Prognose von Gas, Gas-Kondensat, Gas-Kondensat-Erdöl und anderer Kohlenwasserstofflagerstätten von großer Bedeutung. H. PÄTZ

DUNAJEW, W. F.

Untersuchung des ökonomisch-mathematischen Modells der seismischen Spezialerkundung

„Neftegasowaja Geologija i Geofisika", Moskwa (1969), 5, S. 29—33, 3 Abb., 2 Lit.

Der ökonomische Wirkungsgrad der spezialseismischen Erkundung als Voraussetzung für eine hohe Fündigkeitsrate der Bohrungen während des Erkundungsstadiums wird im wesentlichen als eine Funktion von D_2, d. h. von der seismischen Profildichte, betrachtet. Zur Bestimmung von D_2 wurde eine Reihe von Nomogrammen entwickelt, die den Zusammenhang zwischen der Profildichte und den anderen Parametern des ökonomisch-mathematischen Modells darstellt. Diese Nomogramme werden besprochen, und die wichtigsten Parameter behandelt der Verf. in ihrer Wechselwirkung untereinander. Abschließend wird nochmals auf die Bedeutung einer optimalen Bestimmung der seismischen Profildichte für die ökonomische Rentabilität der Erkundungsbohrungen hingewiesen. H. PÄTZ

Methodische Probleme der industriellen Erkundung und der Vorratsberechnung während der Abbauvorbereitung der Erdöllagerstätten

„Geologija nefti i gasa", Moskwa, Bd. 13 (1969), 10, S. 34 bis 37, 4 Lit.

Die Zahl der Erkundungsbohrungen soll auf Grund einer besseren Auswertung der zuerst niedergebrachten Bohrungen eingeschränkt werden. Dabei sind folgende Mängel zu überwinden:

1. geringe Kernstrecken im produktiven Horizont;
2. unrationelle Kombination und geringe Qualität der Bohrlochmessungen;
3. zahlenmäßig geringe und qualitätsgeminderte Teste der produktiven Horizonte, vor allem in Lagerstätten mit mehreren Horizonten;
4. zu wenige und qualitätsgeminderte hydrodynamische Untersuchungen der Horizonte und Sonden.

Die Verfasser empfehlen das Niederbringen der ersten Erkundungsbohrungen bis zum gefalteten Untergrund bzw. bis zur technisch bedingten maximalen Teufe. Dabei ist vor allem der Abstand zwischen den Bohrungen entsprechend den Richtlinien der Staatlichen Vorratskommission einzuhalten. Die Probeförderung sollte sich auf 6 Monate bzw. 1 Jahr erstrecken. Die wissenschaftliche Auswertung und Bearbeitung der Bohrungen sollte in einer angemessenen Zeit erfolgen, wobei noch weitere Forschungsinstitutionen eingerichtet werden müßten. Der Abbau der Lagerstätten ist durch die Ausarbeitung des technologischen Schemas in mehreren Varianten vorzubereiten. H. PÄTZ

RODJONOW, D. A.

Statistische Methoden der Abgrenzung geologischer Objekte nach einem Komplex von Merkmalen

Verlag Nedra, Moskau 1969. 158 S.

Ausgehend von der Kenntnis elementarer Grundlagen der Wahrscheinlichkeitstheorie, Mengenlehre, mathematischen Logik und der Theorie der Zufallsfunktionen erfolgen die Ableitung und mathematische Formulierung der allgemeinen Modelle des homogenen und inhomogenen geologischen Objekts auf der Grundlage eines Komplexes beliebiger Merkmale. Als Sonderfälle mit vorwiegend praxisbetonter Bedeutung werden die sogenannten Normalverteilungsmodelle diskutiert. Von besonderem Interesse sind die Untersuchungen über statistische Methoden zur Überprüfung von Hypothesen homogener geologischer Objekte, über die Suche von Grenzflächen in der Ebene und im Raum sowie über quantitative Vergleichsverfahren für statistisch ermittelte Grenzflächen geologischer Objekte bei unterschiedlich umfangreichen Merkmalskomplexen. Der Hauptteil der Arbeit endet mit der Ableitung einer optimal-statistischen Methode zur Auswahl eines Komplexes von Hauptmerkmalen zur Unterscheidung geologischer Objekte.

Als Vorteile der in der Arbeit vorgelegten Theorie und ihrer Methoden werden u. a. folgende Faktoren eingeschätzt:

1. In die Methoden zur Abgrenzung geologischer Objekte kann eine relativ große Anzahl von Merkmalen einbezogen werden.
2. Theorie und Methoden sind in ihrer mathematischen Formulierung nahezu allgemeingültig für alle geowissenschaftlichen Disziplinen und Erkundungsobjekte.
3. Der mathematische Apparat ermöglicht die Ableitung objektiver Höffigkeits- und Perspektivitätsparameter für geologische Ressourcen und Faktoren.

Als bedingt geltender Nachteil muß eingeschränkt werden, daß Theorie und Verfahren fast ausschließlich den Einsatz umfangreicher maschineller Rechentechnik erforderlich machen.

Der Wert der Arbeit wird zusätzlich durch die im Teil II enthaltenen zahlreichen Beispiele gesteigert. Sie illustrieren an vielseitigen geologischen Aufgabenstellungen überzeugend die Effektivität der mathematischen Theorie und der daraus abgeleiteten Methoden. H. BARTZSCH

WEINBRANDT, R. M., & I. FATT

A Scanning Electron Microscope Study of the Pore Structure of Sandstone

„J. Petrol. Technol.", Dallas (Tex.), Jg. 21 (1969), 5, S. 543—548, 14 Abb., 12 Lit.

Die Kenntnis der geometrischen Struktur poröser Stoffe ist für viele Probleme der Abbauprojektierung und -kontrolle von Bedeutung. Direkte Untersuchungsmethoden in dieser Richtung stützten sich bislang auf räumliche Abgüsse des mit Kunststoffen ausgefüllten Porenraumes. Neue Möglichkeiten der dreidimensionalen Darstellung von porösen Systemen sind nunmehr durch das Scanning-Elektronenmikroskop erschlossen worden. Als wichtigste Größe kann die Anzahl der sich verzweigenden Porenkanäle ermittelt werden, die für die Bearbeitung von Modellen poröser Stoffe benötigt wird. Die Verfasser teilen erste Ergebnisse mit dem neuen Verfahren mit. W. Rasemann

Autorenkollektiv

Deep Sea Drilling Project, Leg 8

„Geotimes", Jg. 15 (1970), Nr. 2, S. 14–15

Die 8. Bohrreise (Anfang Oktober bis Ende November 1969) des Bohrschiffs „Glomar Challenger" ging von Hawaii aus und setzte die Untersuchung der Meeresböden im Gebiet südwestlich, südlich und südöstlich dieser Insel fort. Vor allem sollte mit einer Reihe von 6 Bohrungen entlang dem Längengrad 140° W ein N–S-Profil über den äquatorialen Gürtel hoher Produktivität im östlichen Pazifik gelegt werden, um die geschichtliche Entwicklung des Äquatorstroms zu studieren. Von zweitrangiger Bedeutung waren die Gewinnung kompletter biostratigraphischer Folgen und vergleichbarer Sedimentationsabschnitte, die Untersuchung der Gebiete nördlich und südlich der Clipperton-Bruchzone, die Messung des Wärmeflusses in Bohrungen und die Erprobung eines Turbobohrers.

Auf der 8. Bohrreise wurden 8 Bohrlöcher (68 bis 75) in Meerestiefen von 4181 bis 5466 m niedergebracht. Insgesamt wurde 2021 m tief gebohrt, davon 1452 m gekernt. 1216 m ausgebrachte Bohrkerne entsprechen einem Kerngewinn von 83,7%. Die meisten Bohrkerne zeigten kalkigen Nannoplanktonschlick; in geringerem Maße wurden kalkig-kieseliger Schlick, Radiolarienschlick, neolithischer Roter Ton und Basalt ausgebracht.

Mit den Bohrungen 70 bis 75 wurde ein N–S-Profil im östlichen Pazifik von 6° 20′N bis 12° 31′S beendet, das mit der Bohrung 42 (14°N) der 5. Bohrreise begonnen worden war. Darin konnten drei wichtige lithologische Einheiten verfolgt werden. Als tiefste wurden Radiolarienschlick, kieselige Kreide und Kalk sowie Hornsteine des Eozäns festgestellt. Darüber lagert diskordant eine Schichtenfolge des Oligozäns bis zum unteren Miozän, die aus kalkigem Nannofossilschlick mit häufigen Radiolarien besteht. Diese Einheit läßt sich zwischen den Bohrungen 42 und 75 verfolgen. Eine obere Schichtenfolge vom Oberen Miozän bis Quartär war in den Bohrungen 70 bis 74 zu beobachten. Sie läßt mehrere Faziesentwicklungen erkennen, vor allem Radiolarienschlick im nördlichen und südlichen Abschnitt des Profils und mächtigere kieselige und kalkige Schlicke im äquatorialen Bereich. Die Sedimente wurden nur in 2 Bohrungen durchsunken; unter geringmächtigen Sedimenten des Eozäns in der Bohrung 74 und unter basalen Folgen des Oligozäns in der Bohrung 75 wurde Basalt erbohrt.

Die Bohrungen 69 und 70 waren nördlich und die Bohrung 71 südlich der Clipperton-Bruchzone angesetzt. Im nördlichen Gebiet ist die Schichtenfolge vom Oligozän bis zum unteren Miozän vorwiegend kalkig ausgebildet, während im Eozän und oberen Neogen kieselige Schlicke angetroffen wurden. Auf dem fast 600 m höher liegenden Gebiet südlich der Bruchzone wurden vorwiegend kalkige Schichtenfolgen durchsunken. Lediglich im Eozän zeigte sich Hornstein. Da die erwähnten Bohrungen in den Hornsteinen des Eozäns abgebrochen werden mußten, blieben die unterlagernden Gesteine unbekannt.

In zwei Bohrungen wurde versucht, vor der Bohrkrone die Gesteinstemperatur mit einem Thermistor-Temperaturmeßgerät zu bestimmen. Die Bedeutung der gewonnenen Meßwerte ist noch unklar. Weitere Versuche wurden mit Widerstands- und Eigenpotentialmessungen in mehreren Bohrungen angestellt. Zwei Versuche, mit einem Turbobohrer Bohrkerne aus harten Gesteinen zu erhalten, schlugen fehl.

Aus den Bohrergebnissen läßt sich folgern, daß die Sedimentbildung im tieferen Bereich des Äquatorstroms durch die Löslichkeitsverhältnisse bestimmt wird. Vorläufig läßt sich erkennen, daß das Niveau der Lösung von Kalziumkarbonat im Bereich der Bohrungen im mittleren Tertiär mindestens 1000 m tiefer gelegen hat als seitdem. Daraus ist ein mächtigerer Gürtel kalkiger Sedimente des mittleren Tertiärs entstanden, als er am Ende des Tertiärs zur Ausbildung kam. Aus der Beobachtung, daß in den Sedimenten des Oligozäns nördlich der Clipperton-Bruchzone Fossilien in stärkerem Maße gelöst worden sind, kann man schließen, daß das topographische Relief dieser Zone zumindest teilweise schon im Oligozän vorhanden gewesen ist. H. Reh

Informationen

Erdöl unter der Arktis

Prof. Kalinko vom Staatlichen Institut für Erdölerkundung in Moskau bestätigte erneut die Auffassung, daß große Mengen von Erdöl und Erdgas unter dem Ozean der Arktis vorhanden sind. Nach Kalinko sind die geologischen Systeme der Arktis denen des Golfes von Mexiko ähnlich. Mit der Erkundung soll erst nach der Entwicklung von Spezialvorrichtungen für Unterwasserarbeiten unter den Bedingungen der Arktis begonnen werden.

Sibirische Ferngasleitung mit $2^1/_2$ m Durchmesser

Die Sowjetunion sieht eine Steigerung ihrer Erdgasgewinnung von rd. 185 Mrd. m^3 im Jahre 1969 auf über 700 Mrd. m^3 im Jahre 1980 vor. Im bedeutendsten Gasrevier bei Tjumen sind bisher $5 \cdot 10^{12}$ m^3 Gas nachgewiesen (PPS, 8/69). Zur Zeit sind 40 Ölfelder und 32 Erdgasfelder bekannt, deren Öle und Gase schwefelarm sind. Deshalb werden sie trotz der großen Klima- und Geländeschwierigkeiten vordringlich entwickelt.

Die Such-, Erkundungs- und Förderarbeiten sind wenig aufwendig, da die Erdgaslagerstätten in geringen Teufen liegen und jede einzelne Sonde sehr große Fördermengen ergibt. Um so größere Schwierigkeiten bereitet das strenge Polarklima dem Abtransport des Gases. „Die volle Entwicklung der Gasvorkommen des hohen Nordens und Fernen Ostens der Sowjetunion stellt Aufgaben, die in ihrer Schwierigkeit und Kompliziertheit denen der Weltraumforschung ähneln."

Ende 1969 wurde die Ferngasleitung (1220 mm ⌀ von Uchta nach Torsoch, ca. 200 km nördlich Moskau) beendet. Sie wird Anschluß an die Leitung Nadym–Uchta (1420 mm ⌀) erhalten, deren Bau begonnen wurde. Versuchsweise sind auch schon zwei 5-km-Strecken mit $2^1/_2$-m-Rohren verlegt. Die technischen Schwierigkeiten sind sehr groß. So hat der hier bis 20 m tiefe Ob eine starke Strömung. Zur Zeit der Schneeschmelze überschwemmt er das Land bis auf 30 km Breite. Die Leitung muß teils in den Boden versenkt, teils auf den Erdboden gelegt oder auch auf Betonstützen verlegt werden. Der Abschluß des Ausbaus des gesamten Fernleitungsnetzes von ca. 5000 km Gesamtlänge ist für 1972 vorgesehen. Damit wird die Gasversorgung des Uralgebiets und Zentralrußlands für längere Zeit gesichert sein.

Zur Entwicklung der Kohlenindustrie in der VR Bulgarien

Der Rohstoff Kohle spielt für die industrielle Entwicklung der VR Bulgarien eine wichtige Rolle. Es ist vorgesehen, in diesem Jahre 77% der Elektroenergie des Landes in den Wärmekraftwerken durch Verfeuern von festem Brennstoff zu erzeugen.

Der Bergbau in Bulgarien geht auf sehr frühe Zeiten zurück, wurde aber erst nach dem Sieg der Sozialistischen Revolution systematisch und planvoll entwickelt. Nach der Durchführung geologischer und montanwissenschaftlicher Untersuchungen konnten im Laufe der letzten 25 Jahre Kohlenvorräte von anfänglich nur 430 Mill. t auf einige Mrd. t gesteigert werden. Sie bestehen zu 91% aus Braunkohlen. Die hauptsächlichen Lagerstätten liegen in den Becken von Ostmarizk, Westmarizk, Sofia u. a. Berechtigte Aussichten für eine beträchtliche Erweiterung der Steinkohlenvorräte knüpfen sich an das Gebiet der Dobrudscha, wo derzeit ausgedehnte Sucharbeiten laufen.

Im Jahre 1948 wurden 4,261 Mill. t Kohle, 1952 7,410 Mill. t, 1957 11,867 Mill. t, 1960 17,124 Mill. t und 1969 30,882 Mill. t gefördert.

Die Bemühungen für eine möglichst umfassende Mechanisierung des Abbaus sind wegen der schwierigen und z. T. komplizierten geologischen Bedingungen nicht immer erfolgreich verlaufen. Immerhin wurden 1968 bereits im Revier Dimitroff 15%, in den „Marizki-Becken" sogar 33% der Produktion vollmechanisiert gewonnen. Am weitesten ist das größte Kohlenbecken, das von Ostmarizk, im Hinblick auf eine moderne Förderung entwickelt. Die Gesamtfläche dieser Lagerstätte beträgt 240 km². Hier liegen drei Flöze mit einer Gesamtmächtigkeit von 38 m vor, von denen das zweite mit 12 m (im Zentralteil 24 bis 26 m), bei einer Lagerungsteufe von 20 bis 100 m, das wichtigste ist. Die derzeitige Jahresförderung soll innerhalb der laufenden Planzeit auf 54 Mill. t erweitert werden.

Größter Staudamm der VR Bulgarien

Gegenwärtig entsteht in den Rhodopen der mit 144 Metern Höhe größte Staudamm Bulgariens. Er gehört zum Wasserkraftwerk „Antoniwanows", das ein Bestandteil der Kraftwerkskaskade „Dospat-Witscha" ist und einen bedeutenden Platz in der Energieerzeugung einnimmt. 1970 sollen in Bulgarien rund 19 Mrd. kWh Strom erzeugt werden.

Blei-Zink-Lagerstätte Mežica

Die Blei-Zink-Lagerstätte Mežica in der SFR Jugoslawien umfaßt ein unregelmäßig vererztes Gebiet von ca. 10 km² mit 350 bekannten Erzkörpern, die einen Durchschnittsgehalt von 6,5% Pb und 2,5% Zn haben. Bisher wurden 12 Mill. t Roherz gewonnen. Hauptminerale sind Bleiglanz, Cerussit, Zinkblende, untergeordnet Wulfenit, Smithsonit, Hydrozinkit, die Gangart Kalkspat und Dolomit.

Seltenerdmetalle in der Ungarischen Volksrepublik

Mit der Gewinnung von Seltenerdmetallen wird die ungarische Volkswirtschaft in naher Zukunft einen neuen Industriezweig erhalten, der für die Entwicklung der Nachrichtentechnik, der nuklearen Industrie und der Rechentechnik von großer Bedeutung ist. Vierjährige Laborversuche zeigten, daß von den Elementen der Gruppe der Seltenerdmetalle in Ungarn acht in großer Reinheit gewonnen werden können. Zu ihren wertvollsten zählen Europium, Gadolinium und Yttrium.

Tranquilit

Neue Mineralien will Professor Dr. Rahmdor bei der Untersuchung von Mondgestein gefunden haben. Als Neuentdeckung bezeichnete er eine Titan-Magnesium-Verbindung und eine Verbindung von Eisen-Titan und Zirkonium, die auf der Erde noch nicht zustande gekommen sind. Einem ebenfalls bisher unbekannten Mondmaterial haben Wissenschaftler den Namen „Tranquilit" gegeben. Im Mondgestein wurde das irdische Mineral Dusanalyt gefunden, das reich an Seltenerdmetallen ist.

Kurznachrichten

In den ersten vier Monaten des Jahres 1970 wurden in der **Sowjetunion** 10,6 Mill. t **Kohle** und 1,2 Mill. t **Erdöl** über den Plan gefördert.

Nach dem Entwicklungsprogramm der sowjetischen Akademie der Wissenschaften für die **Brennstoff-** und **Energiewirtschaft** der **UdSSR** bis 1980 soll der Anteil von Erdgas an der Energiebilanz von 13,7% (1965) auf 27% (1980), bei Erdöl von 32,4% auf 35% und bei Hydro- und Atomenergie von 3,2% auf 6,7% steigen, während sich der Anteil der Kohle von 36,8% (1965) auf 25,5% (1980) vermindert.

Die Demokratische Volksrepublik **Algerien** will die **Erdölförderung** in den kommenden Jahren auf 100 Millionen Tonnen jährlich steigern. 1969 sind von den verschiedenen Gesellschaften rund 43 Millionen Tonnen gefördert worden.

In der **Syrischen Arabischen Republik** sollen 1970 7 Mill. t **Erdöl** gefördert werden. Die bekannten Erdölreserven werden auf 3000 Mill. t geschätzt, von denen 150 Mill. t ohne größere Erschließungsarbeiten ausgebeutet werden können.

Nach neuen Schätzungen betragen die **Erdölvorräte** der wichtigsten bisher erschlossenen Vorkommen **Saudi-Arabiens** 20 Mrd. t. Sie sind damit größer als die Vorräte von Kuweit, Irak und Iran zusammengenommen.

Die Vereinigten Elektrizitätswerke Westfalen AG in **Westdeutschland** schlossen einen Vertrag über die Lieferung von 1Mrd. m³ 1972 und anschließend 2,5 Mrd. m³/a **Erdgas** mit den Niederlanden ab. Damit wird dieses Kraftwerk der größte auf Erdgasbasis betriebene Energieerzeuger der Welt.

In der **Sowjetunion** heizen und kochen schon rund 90 Millionen Einwohner mit **Erdgas**.

Die ab 1973 zu erwartenden **Erdgaslieferungen** der **Sowjetunion** an **Westdeutschland** werden auch den westdeutschen Kraftwerksbau beeinflussen. So soll der Bau von Atomkraftwerken zugunsten der wesentlich wirtschaftlicheren Erdgaskraftwerke eingeschränkt werden.

Nach einer Prognose des französischen Atomenergiekommissariates gehen die bekannten und kostengünstig zu gewinnenden **Welturanreserven** 1985 zu Ende. Zu dieser Zeit soll die gesamte Weltförderung fünfmal so hoch sein wie heute.

Die bisherigen Analysen der **Eisenerze** von Bahria in der **VAR** haben ergeben, daß sie einen Fe-Gehalt von 58% haben gegenüber 42% der Eisenerze von Assuan.

Die **mexikanischen Eisenerzreserven** werden heute auf 600 Mill. t geschätzt. Die Regierung des Landes hat den Eisenerzexport untersagt, da dieser Rohstoff der eigenen Stahl- und Eisenindustrie erhalten bleiben soll.

Das Lake-Shore-Vorkommen bei Casa Granda, **Arizona**, wird auf 472 Mill. sh. t sulfidische **Kupfererze** geschätzt. Die Prospektionsarbeiten werden fortgesetzt. Zur Erschließung sind 100 Mill. Dollar erforderlich.

Die neuentdeckte **Nickellagerstätte** im Gebiet von Cuttack im Staate Orissa in **Indien** hat 38 Mill. t Nickelerze mit 0,9% Ni. Mit Ammoniaklauge soll eine Anreicherung bis über 83% Nickelgehalt möglich sein. Der größte Teil des Erzkörpers enthält außerdem 7% Kobalt.

In Nordwestanatolien in der **Türkei** wurden nördlich von Eski-Schehir bauwürdige Lagerstätten von **Antimon** und **Wolfram** festgestellt.

In **Australien** sind Bestrebungen im Gange, aus normalen Ilmenitkonzentraten auf industrieller Basis einen synthetischen **Rutil** (Titanoxid mit über 90% TiO_2) herzustellen.

Eines der derzeit wichtigsten **Niobvorkommen der Welt** ist das von Oka in Quebec in Kanada. Die Erzreserven bis 300 m Teufe betragen 3 Mill. t mit einem Nb_2O_5-Gehalt von 0,3 bis zu 0,48%.

Das **Ilmenitvorkommen** von Tahawus im Staate **New York** enthält 32% Ilmenit und 37% Magnetit. Durch Flotation wird ein Ilmenitkonzentrat von 46% TiO_2 gewonnen.

1968 wurden 31168000 Feinunzen **Gold** in der Republik **Südafrika** gewonnen, das sind 76% der kapitalistischen Weltproduktion. Dazu wurden 78,8 Mill. t Erz verarbeitet, um 1,3 Mill. t mehr als 1967.

Im Gebiet von Lawrence, **Neufundland**, wird von der Newfoundland Fluorspar Ltd. im Jahre 1972 eine weitere **Flußspatgrube** in Betrieb genommen werden.

Der **2. Internationale Kongreß für Felsmechanik** fand vom 21. bis 26. September 1970 in Belgrad statt. Zu den Hauptthemen gehörten u. a. Standfestigkeit von Böschungen und Hängen in Felsmassen und Verhalten der Felsmassen als Fundamente von Bauwerken.

Im Januar 1970 wurde in **Weimar** ein **Industriezweiginstitut** der VVB **Bau- und Grobkeramik** gegründet. Das Institut wird vorrangig einige größere Themenkomplexe über die Entwicklung neuer Baumaterialien bis zu ihrer technischen Realisierung in Kooperation mit anderen Institutionen bearbeiten.

Das erste **französische Kernkraftwerk** soll bis 1975 errichtet werden. Als Standort ist Fessenheim bei Strasborg gewählt worden. Die Leistungskapazität wird zwischen 700 und 800 MW liegen.

Zum Jahreswechsel allen Lesern
und Autoren die besten Wünsche,
erfolgreiche Arbeit und ein friedliches,
glückliches Jahr 1971

*

К наступающему новому году
желаем всем читателям и авторам
всего наилучшего, успеха в работе
мира и счастья в 1971 году

At the Turn of the Year
all our Readers and Authors
Best Wishes, Every Success
and a Peaceful, Happy Year 1971

Redaktion der
ZEITSCHRIFT FÜR
ANGEWANDTE GEOLOGIE

An unsere Leser

Die Belieferung mit Einbanddecken ab Band 16 (1970) erfolgt nur noch auf Vorbestellung und gegen Berechnung. Abonnenten, die die Einbanddecke auch für dieses Jahr bestellen wollen, werden gebeten, beiliegende Bestellkarte auszufüllen und umgehend an den Akademie-Verlag zu senden.

Zusammen mit diesem Heft wird auch das Jahresinhaltsverzeichnis 1970 ausgeliefert.

Die Redaktion

In den nächsten Heften

der

Zeitschrift für angewandte Geologie

erscheinen u. a. folgende Beiträge

R. SCHUBERT & W. STEINER: Der Thüringer Dachschiefer, seine gesteinstechnischen Eigenschaften und seine Verwendung als Werk- und Dekorationsstein

W. F. DUNAJEW & A. A. KOSORESOW: Über die Verbindung der Aufgaben der seismischen Erkundung und des Erkundungsbohrens

I. W. NASAROW: Einige methodische Fragen der Anwendung der Mathematik in der Geologie

G. SCHWOKOWSKI: Inklinometermessungen und ihre Bedeutung für die Standsicherheitsuntersuchung von Böschungen

E. M. US: Die Effektivität geologischer Erkundungsarbeiten auf Erdgas und die Abbauvorbereitung der tieflagernden Gaskondensatlager im Gebiet von Krasnodar

Herausgeber: Zentrales Geologisches Institut im Auftrag des Staatssekretariats für Geologie beim Ministerrat der Deutschen Demokratischen Republik. Für die kollektive Chefredaktion: Dr. K. KAUTER (Redaktionssekretär), Berlin. Redaktion: 1054 Berlin, Zionskirchstraße 34 (Fernsprecher 426001). Verlag: Akademie-Verlag GmbH, 108 Berlin, Leipziger Straße 3–4 (Fernsprecher 220441, Telex 0112020, Postscheckkonto: Berlin 35021). Bestellnummer des Heftes 1047/16/11/12. Alleinige Anzeigenannahme DEWAG-WERBUNG, 102 Berlin, Rosenthaler Str. 28–31, und alle DEWAG-Betriebe in den Bezirksstädten der DDR. Exportpreis: 6,– M, Sonderpreis für die DDR: 2,– M je Heft. – Satz und Druck: VEB Druckhaus „Maxim Gorki", 74 Altenburg. Veröffentlicht unter der Lizenznummer 1279 des Presseamtes beim Vorsitzenden des Ministerrates der Deutschen Demokratischen Republik, Kartengenehmigung Nr. 539/70, 700/70 u. 763/70.

34114

Bei Fragen zur Produktsicherheit wenden Sie sich bitte an:
If you have any questions regarding product safety,
please contact:

Walter de Gruyter GmbH
Genthiner Straße 13
10785 Berlin
productsafety@degruyterbrill.com